人行草木间，

一草一木都是有情之物。

草木枯荣是时间的年轮，

也是生活的时令。

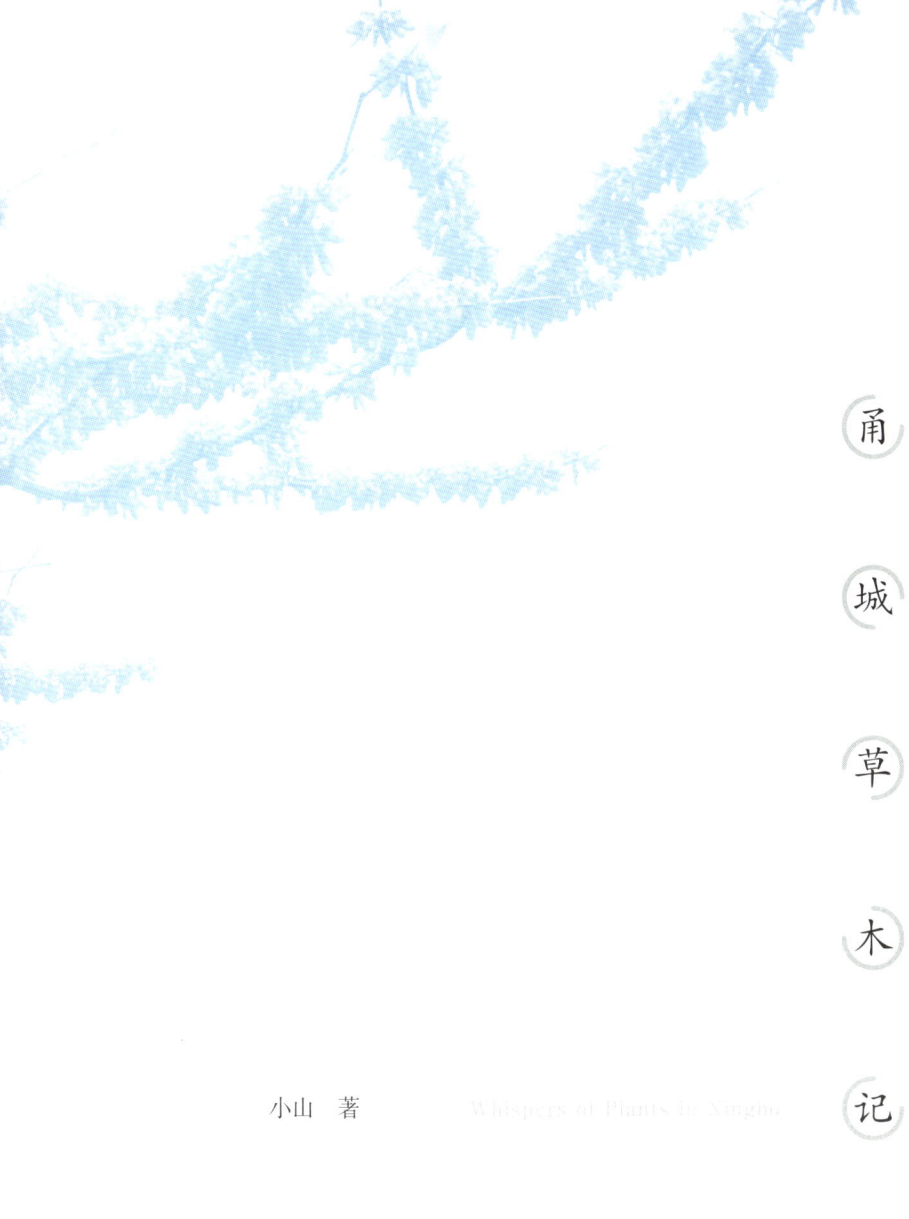

甬城草木记

小山 著

Whispers of Plants in Ningbo

宁波出版社

图书在版编目（CIP）数据

甬城草木记 / 小山著 . —宁波：宁波出版社，2017.11（2024.4 重印）

ISBN 978-7-5526-3071-8

Ⅰ. ①甬⋯　Ⅱ. ①小⋯　Ⅲ. ①散文集－中国－当代　Ⅳ. ① I267

中国版本图书馆 CIP 数据核字（2017）第 249058 号

版权声明： 本书中所收文章均为作者原创，书中所用图片除特别注明外，均为作者本人所拍摄，使用本书文章和图片，须征得出版者或作者本人同意，违者必究。

• 鄞州区科协重点科普项目专项资助

Yongcheng Caomu Ji
甬城草木记
小山　著

出版发行	宁波出版社
	（宁波市甬江大道 1 号宁波书城 8 号楼 6 楼　315040）
插　　画	蒋正强
策划编辑	徐　飞
责任编辑	苗梁婕
装帧设计	马　力
责任校对	朱璐艳　李　强
印　　刷	宁波白云印刷有限公司
开　　本	889 毫米 ×1194 毫米　1/32
印　　张	11.25
字　　数	240 千
版　　次	2017 年 11 月第 1 版
印　　次	2024 年 4 月第 3 次印刷
标准书号	ISBN 978-7-5526-3071-8
定　　价	60.00 元

本书若有倒装缺页影响阅读，请与出版社联系调换，电话：0574-87248279

推荐序
植物——地球之精魂

在多数人眼中，植物是不会移动、不会发声，只会生长、开花、结果的生物。它们看上去既不会思考，也没有情感。所以，人们通常会用"植物人"来指称没有认知能力的人。其实，这是人类对植物的最大误解。

在与植物的长期交往中，我越发觉得植物是非常具有灵性的一类生物。它们能感知外界的一切，是既有思想情感又有计策谋略的精灵。只要看一看自然界那些千奇百怪的叶子、花朵、果实、种子等植物的各种构造形态，你就会感叹上帝造物之精妙。但与其说是上帝造物，不如说是植物自身长期演变的结果。"物竞天择，适者生存"表明了植物的成功之道，但并未道明其进化的内在动力。在我看来，物种的主动进化才是大千生物世界的发展动力。假如植物不能感知外界，不会思考，那么形态各异的叶子、结构精巧的花朵等，又叫人如何理解呢？

随着人们物质条件的发展，在快节奏的生活之外，有的人深陷微信、微博等碎片化的信息中，而也有一些人，放下手机，将目光放到身边的一草一木中，感受大自然的美。

要走进绿色的植物世界，就如同品读一本无字天书。倘若遇见一种植物，却连名字都叫不上，又何谈对它的欣赏和了解呢？如果都用"不知名的小草"来指称，那只能表明自己对植物知之甚少。因此，小山老师组建的"拈花惹草部落"十分应景地出现了。这个业余的植物兴趣小组，将全国各地的植物迷召集在一起，短短两年时间内就迅速发展壮大。现在，更是吸引了国内许多植物大咖加盟。

我在甬派《甬城草木记》专栏中第一次读到小山老师的文章时，便觉得此人虽不是植物学科班出身，却怀着对植物的真挚情感，不禁暗暗佩服他观察植物世界的细致入微。一个没有植物学基础的业余爱好者，因为纯粹的热爱，写出如此专业精深的文章来，必然是下过一番苦功夫的。

后来又陆续看到他写的一些文章。他把植物名称的来历考证、历史典故，以及植物的鉴别要点、食用方法等描写得十分详尽到位，再配上一幅幅生动的美图，于我这等植物学专业人士读来，也是一种难得的享受。

小山的这本《甬城草木记》，既介绍了宁波本地常见的观赏植物，又跟踪报道了许多鲜为人知的珍稀乡土植物。这是很好的科普宣传，是一本老少皆宜的科普读物。这是"拈花惹草部落"自组建以来对植物研究的一个阶段性成果，值得庆贺！

大自然蕴藏着无穷的奥秘，植物王国中的许多有趣的现象值得我们深入地研究。希望小山带领的这个植物群，能以植物科普为起点，不断深入，不断拓展，更加专业地为草木爱好者的植物研究做出更大的贡献。

林海伦

2017年9月20日

自序

发现身边的草木之美

生活在宁波，是一件幸福的事情。不必说"书藏古今港通天下"，也不必说"经济发达城乡和谐"，仅是这里城市山野的四季之美，就足以令人陶醉其中了。

早春，乍暖还寒，"白似玉、气如兰"的玉兰，以满树繁花揭开甬城春天的序幕。白花的碎米荠，黄花的毛茛，紫花的堇菜，蓝花的波斯婆婆纳，开始出现在树底下的草坪上。再暖和一点，"轻似绯云落如雨"的紫叶李、早樱花，一夜之间披上盛装。春渐深，柳丝长，百花都来加入春的大合唱。当蔷薇爬满篱笆院墙，楝花如紫雾般开满一树，不知不觉间，春天已到了尾声。

"绿叶成阴子满枝"，是宁波盛夏的典型景象。不过，开花植物也很多。"花似荷花大、气如玉兰香"的广玉兰，站在大街小巷，花开满树。"香得掸都掸不开"的栀子花，在花坛、山野里，清香满溢。越热越精神、越热越美丽的"盛夏双骄"——紫薇花、凌霄花，一直陪伴我们度过整个炎热而漫长的盛夏。

碧云天，黄叶地，北雁南飞。秋风万里芙蓉国，每年九、十月份，木芙蓉随风摇曳，尽显雍容华贵。"何须浅碧深红色，自是花中第一流。梅定妒，菊应羞。画栏开处冠中秋。"桂花开了，空气中到处浮动着或浓或淡的甜香。三脉紫菀、陀螺紫菀、野菊、千里光、苦苣菜等各种菊科植物，一丛丛，一片片，成为野外山林最美的女主角。

相比北方冬日的萧瑟，江南的冬天来得更加温和一些。金钱松、银杏、鹅掌楸、无患子的叶子，在蓝天之下金黄透亮，像太阳一般温暖着我们的心灵。山野的枫香、红枫，丹山赤水的柿子，四明湖畔那一大片火红的池杉，将宁波的山野泉林打扮得色彩斑斓、美丽无边。

我生长在山村，从小就和大自然非常亲近，对山川草木，有一种发自内心的热爱。大自然年复一年地给我们展开一幅幅壮美神奇的画卷，我可以自豪地宣称，自己基本上没有辜负过自然的这份馈赠。工作之余，我会约着伙伴，带着相机，穿行在四明大地的山水之间，或逡巡于甬城各大公园的树木花草之间，发现最美的草木，寻觅最美的风景。在草木的四季变化之间，接收造物者发送给我们的美丽信号。

有人好奇，如此热爱草木，能够收获什么呢？

于我而言，最大的收获是通过草木领略到了自然之美。在城市里待久了，每天在钢筋水泥的森林里穿行，似乎感觉不到四季的变化，只有日子一天天过去。但只要我们留心身边草木的岁序枯荣，即使身处城市，也可以从一朵花、一片叶、一株芽之中，感受自然的四季之美。草木是最言而有信的，一年一回新，每年都会来一次不变的生命轮回。每一种植物在长长的进化过程中，都形成了自己独特的生存智慧，只要我们留心观察，就能发现它们身上独特的美好。英国自然主义者彼特·斯考特曾经说过：

"要拯救面临威胁和毁灭的自然界,最有效的方法是让人们重新爱上自然的真和美。"关注植物,欣赏植物,爱上植物,也是对生命的一种敬畏和尊重。

热爱草木,还会让人对生活充满期待。古人曾经说过:人无癖不可与交。这是说,一个人没有癖好,就没有深情,没有深情的人是不值得交往的。而就我们自己的内心世界来说,有一份持久、深入、健康的爱好,也是非常有必要的,可以舒缓工作、生活中的紧张和压力,提高生命的质量。花儿不只开在春天,每一种花都有自己的季节,我们一年四季都可以去看花,一年四季都能有一个美好的期盼。

热爱草木,还能加深对这个世界的理解。我们看待事物、审视世界,可以有很多切入口,比如文学家用文学的角度,史学家以历史的视角,哲学家有哲学的高度。植物爱好者,也可以从植物学的视角切入这个世界。一开始,或许只是就植物谈植物,观察久了,研究多了,就会发现植物和地理、气候、地质、生态等都有十分密切的关系。一定程度上说,植物背后也体现了经济、文化、历史、宗教和民族。比如鸦片战争,就是一场由两种植物引发的战争,一是茶叶,一是罂粟。所以,许多植物身上甚至还可以折射出国家的命运。

而促使我走上植物写作这条路的,是两本书。一本是汪曾祺老先生的散文集《人间草木》。文章或长或短,言简意深,将一些常见的草木虫鱼,写得摇曳多姿、清新隽永。另一本是明末清初学者李渔的《闲情偶寄》。李渔是学问大家、生活大师,他看植物的视角和别人截然不同,常常能发现植物身上不为常人所注意的有趣之处。

读过这两本书,我才发现,原来植物的世界这么有趣,草木的文章还可以这样写。于是,我便开始了草木写作,记录自己学习、欣赏草木的所见、所思、所感,包括遇见经历、特征辨识、独特美好、进化智慧、文化故事、人生交集等等内容。几年下来,累积下来的文章已超过两百篇。我持续进行草木写作,除了出于个人兴趣,也希望更多的读者能通过图文感受到植物的美好,逐渐形成博物意识。尤其是对孩子,希望他们从小感知植物,感受大自然,培养他们健全的人格和博大的胸怀,我想这大有裨益。

这本书就是从这些篇什之中,精心挑选75篇,并按照四季及欣赏时间结集而成的。一定程度上讲,这本书既是甬城赏花的草木地图,也是江南城乡的四季花历。很多时候,一种植物,观察过,了解过,记录过,好像才能跟自己产生某种特殊的联系。

在草木的世界沉浸久了,越来越能体悟到:小草木,其实也是一个大世界。

"浮生常博物,记得去看花。"期待本书是一个开始。

小　山

2017年10月18日

001　推荐序：植物 —— 地球之精魂（林海伦）
003　自序：发现身边的草木之美（小山）

春光烂漫 三月—五月

003　檫木｜一树鹅黄照山明
007　三"春"开泰｜说说迎春、探春及野迎春
013　如梦似幻结香花
016　宽叶老鸦瓣｜摇曳山间花自妍
021　波斯婆婆纳｜当蓝星布满大地……
024　泽漆｜绿叶绿花五朵云
027　刻叶紫堇｜永丰库遗址的紫色精灵
031　宝盖草｜掀起你的盖头来
034　西府海棠｜只恐夜深花睡去
038　紫叶李｜乱花渐欲迷人眼
043　紫荆｜此紫荆不是那HK紫荆

047	蓬蘽｜春天被问得最多的野花
051	山鸡椒｜一树碧玉展新颜
055	琼花｜世外仙葩落凡间
060	辛夷｜应是玉皇曾掷笔，落来地上长成花
064	大花无柱兰｜恍若神仙妃子
069	油桐｜落花时节又逢君
074	鹅掌楸｜胸有丘壑谁人知
079	蔷薇花开殿春风
083	楝｜风到楝花，二十四番吹遍
089	小蜡及其女贞属姐妹

夏花绚烂 六月—八月

095	野老鹳草｜自带发射器的小火箭
099	金樱子｜山间诱人的糖罐子
103	合欢｜自在飞花轻似梦
107	绶草｜让人欢喜让人忧的兰科小精灵
112	绣球｜盛时花万重
116	樟｜无边落叶漫天舞
121	含笑花｜只有此花偷不得
126	蓍｜上古神草，就在咱们身边
131	溲疏｜秀外慧中白衣仙
135	佛甲草｜沧桑往事之中的一抹清新
139	枫杨｜换它做市树又何如？
143	栀子｜六出吐奇葩，风清香自远
148	泥胡菜｜从丑小鸭到白天鹅

152　荷花玉兰｜形似荷花大，气如玉兰香
159　玉簪｜瑶池仙子宴流霞，醉里遗簪幻作花
165　一年蓬｜美洲一为别，孤蓬万里征
170　酢浆草｜自带安全气囊闯天下
176　金丝桃｜风月无边关不住，金丝万缕吐相思
179　做一株攀援的凌霄花又何妨？
183　紫薇｜独占芳菲当夏景，不将颜色托春风
189　刺桐｜初见枝头方绿浓，忽惊火伞欲烧空
194　药百合｜千里奔波三入山，只为绝世一容颜
199　醉鱼草｜野外求生或大用，能醉鱼儿亦醉人
204　接骨草｜能接骨，又美观，真才貌双全也
209　鸡矢藤｜一位被唐突的清丽佳人
213　杠板归哥哥拎着五色宝石，刺蓼小妹妹戴着粉色小帽

秋色无边 九月—十一月

219　复羽叶栾树｜枝生无限景，花满自然秋
223　油点草｜其实一点都不"吵"
227　木槿花事与"唯书"意识
231　茑萝｜袅袅婷婷似小仙
234　木芙蓉｜秋风万里芙蓉国
239　石蒜，彼岸花及其他
244　白花败酱｜何事攀倒甑，又来多须公
249　何首乌｜传奇仙草亦平常
253　桂花｜天香料理一万斛，散作人间八月秋
259　喜树｜草木中的吉祥之宝

264　大吴风草｜大风起兮一片黄
268　紫花香薷｜山间最美的那一把牙刷
271　银杏流金｜不可辜负的超级视觉盛宴
275　传奇之树无患子
279　梧桐叶落，天下知秋

冬日生机 十二月—二月

285　池杉树色已如火，四明湖畔景无边
290　构树｜城市植物最大在野党
294　轻舞飞扬萝藦果
298　蛇床与野胡萝卜｜只需三招便轻松辨识
302　南天竹｜南方的小家碧玉
307　枇杷花开白如雪
310　黄鹌菜｜天涯何处不逢君？
314　乌桕｜微霜未落已先红
319　女贞｜负霜葱翠，振柯凌风
323　深山含笑｜白衣飘飘恍若仙
327　蜡梅｜非腊亦非梅
332　梅｜香中别有韵，清极不知寒
337　美人茶｜风姿绰约迎春来

342　后记

春雨绵绵,
四野齐发,
草木带来生命的萌动。

檵木

一树鹅黄照山明

三月上旬

樟科·檵木属

时序进入三月，天气阴晴不定，冷暖无常。即使在这样乍暖还寒的早春时节，很多植物也开始按时萌动了。小野花如球序卷耳、碎米荠、繁缕、波斯婆婆纳等，已开始穿上美丽的花衣裳；一些大乔木，如白玉兰、深山含笑等已是满树洁白，争先恐后地绽放自己清丽的容颜；藤本植物迎春花，亮黄色的花朵正逐渐缀满光秃秃的枝条。而在江南的山野之中，当季最热闹的，要数满树黄花的檵木了。

周末陪朋友一起健步宁波东道岭，步履所至，视野所及，都是一树一树，甚或一片一片的檵木。一身鹅黄，花枝舒展，在暗绿色的山间特别显眼，似乎把整个山野都点亮了，又似乎把沉睡了一个冬天的大山瞬间唤醒了，整个山野立刻生动起来。这美丽景象，让人有点猝不及防，喜出望外。

作为早春山野第一批开花的耀眼明星，檫木和梅花、玉兰等植物一样，也是先花后叶，开起花来纯色无杂，而且花量特别多，花朵成簇，密密挨挨，开得毫无节制，恣意汪洋。哪怕再远也能在山间看到它们高挑靓丽的身影。早年不认识檫木，偶然瞥见几株，还以为是蜡梅，心里嘀咕：怎么蜡梅也有野生的，而且还长那么高呢？

檫木，木之察者，最高可达 35 米，就像山间之监察者，鹤立鸡群般站在群木之间，俯瞰着山野的一切。在九龙湖桃花岭的竹林里，曾看到两株奇特的檫木，在参天的竹子之间，只能看到它们无枝无叶的大树干。它们穿过层层竹叶，树冠凌驾于竹林之上，为争夺阳光和生存空间，拼尽全力。我们都很好奇，它们的生长速度，是怎样超过以速生著称的竹子的？植物的生存智慧，有时候真不是我们人类所能想象。

话说回来，正因了檫木高大威猛，形象英

张孟耸/摄

张孟耸/摄

俊，但却苦了给它拍照的人。以前拍檫木花，总是踮着脚、仰着头、高举着手，但还是够不着，只能远远地拍点全景了事。尤其是用手机拍照，拍出来的图片基本没法用。这次运气不错，在福泉山的山间道路上，正好有几株檫木从山谷低处长上来，树顶那高度，站在路边拍照正好，这才有了几张清晰的特写图。从花朵细节来看，檫木花朵一般顶生，一个花苞里面含有五六根小花枝，小花枝上还有小花，构造比较复杂，这是站在树下看不到的。

　　檫木的叶子也很有特色，互生，聚集于枝顶，卵形或倒卵形，顶部有 2—3 个浅裂，整个叶形看起来就像三尖两刃刀，又像翩翩飞翔的燕子，还有点像鹅掌，因此云南有些地方称檫木为"鹅脚板"。到了秋冬季节，檫木的叶子还会变红，因此这是一种很好的彩色叶树种。

　　檫木不仅可观花，还可观叶，且树干笔直，木质坚硬致密，耐腐蚀，耐水湿，很适合造船及制造上等家具。这么好的树木，如果引种在园林或者道路边，不是一个很好的选择吗？

张盛年/摄

三 "春" 开泰

说说迎春、探春及野迎春

迎春花

三月上旬

《红楼梦》里的元春、迎春、探春和惜春四大美女,大家都不会陌生。大观园这四姐妹之中,元春、迎春的凄苦,探春的干练,惜春的决绝,都让人印象深刻。有趣的是,植物当中,也有她们之中好几位呢,而且都是开黄花的藤本植物。

三月下旬,如果去逛公园,或者注意一下路边、河边的绿化带,就会看见这些藤本植物正在陆续开花迎接春天呢!它们或一两朵点缀在绿叶之间,或七八朵排开在长长的枝条之上,还有好些花儿开得挤挤攘攘、热热闹闹,把自己装扮成了一道道美丽的黄金花瀑。

木犀科·素馨属

迎春花

Jasminum nudiflorum

这时候，常常听到有人由衷赞叹："迎春花开了，好美。"但是，且慢，它们真是迎春花吗？这很可能涉及木犀科素馨属的三种花：迎春花、野迎春和探春花。不妨一起来认识认识它们姐妹仨到底谁是谁吧。

三花之中，探春花一般盛开在春末夏初，时间上和二三月开的迎春花、野迎春正好错开，从这一点便可以将其区别开来。最容易混淆的是迎春花和野迎春，它们开花时间交叉，园林部门经常同时种植，稍不注意，就很容易搞错。

先说说野迎春，它还有云南黄馨、云南黄素馨等别名。此花原产于我国西南地区，后来慢慢运用至各地园林之中。云南黄馨和迎春花最大的区别是：迎春花是落叶藤本植物，故一般先花后叶，花期比云南黄馨早一个月左右，如果二月中旬看到光秃秃的枝条上面，已经开满花朵的，一般是迎春花；而野迎春是常绿藤本植物，花期较晚且花叶同时，那时只是零零星星开了几朵花，大面积开花的还不多。当然，细细观察，野迎春顶部的叶子几乎也会掉光，但是底部的叶子大部分还在，远远看去，还是一片绿色。据我观察，野迎春在宁波园林中比迎春花运用得更广一些。

如果叶子都长出来了，又该如何辨识呢？这时候就需要观察萼片、花冠管和花瓣等细节了。

野迎春萼片像小叶子，绿绿地长了一圈，有5—8枚，长于花筒，花朵好似从绿叶之间升起一样；而迎春花的萼片很小，窄披针形，远短于花冠管，差不多包在花筒之上。

从花瓣来说，迎春花一般单瓣，花朵较小；而野迎春一般重瓣，花

迎春花	野迎春

— 探春花 —

野迎春
花萼小叶状
披针形
裂片5—8枚

迎春花
花萼窄
披针形
裂片5—6枚

野迎春
多重瓣
花较大
花冠裂片较开展
长于花冠管

迎春花
单瓣
花较小
花冠裂片较不开展
短于花冠管

朵相对较大。

　　春天盛大花事告一段落时,正是探春花开放的时节,故称其为迎夏花或许更合适一些。不知为何会用"探春"这样一个名字,难道命名者和我一样,更喜欢朗阔大气的探春,就将这个名字给了它?探春花相对于迎春花、野迎春,花柄更细长,花苞更小,花朵也更加秀气一些,开起花来,星星点点,不像其他两种开得那么恣意汪洋,比较克制一些,倒也比较符合《红楼梦》中探春的性格。

　　最后做一个总结:迎春花落叶植物,先花后叶;野迎春常绿植物,花在叶间,都是二三月开放,这两者可以从花瓣、花萼和花冠管等细节辨识。探春花在春末夏初开放,身形比前两者秀气一些,修长一些。

如梦似幻结香花

三月上旬

三月初，某天上下班路上，忽然瞥见解放桥下西侧姚江边的一大片结香花，已进入最好的观赏时节。王熙凤在《红楼梦》中的出场，是未见其人先闻其声；而结香花则是未见其花，先闻其香。那是一股浓烈的异香，好似海桐花，又如柚子花，是非常热烈奔放的味道。如果鼻子里忽然飘进这样一股味道，四下张望一眼，就可以在附近找到结香花。

走近细看，会发现结香花的花形非常奇特，一条条布满绒毛的管状花朵，密密挨挨聚成头状花序。从上往下看，像一个个蜂窝；蹲下来仰视，则觉得精美异常。毛茸茸挤在一起

瑞香科·结香属

秋麟/摄

的鹅黄色小花瓣,让人想到刚出生的小鸡,真想捧几只在手,轻轻抚弄。而这浓稠的金黄色,也会让人想起蜂蜜的琥珀色泽。

结香花为瑞香科结香属植物。因其枝条柔韧可以打结,且花朵气味芬芳浓烈而得名,它还有打结花、梦冬花、喜花、梦花之别名。梦花以结香之名始载于明代王象晋所著的《群芳谱》。清代陈淏子的《花镜》有一段生动准确的描写:"结香,俗名黄瑞香,干叶皆似瑞香,而枝甚柔韧,可绾结。花色鹅黄,比瑞香差长,亦与瑞香同时放,但花落后始生叶,而香大不如。"

第一次碰到结香花,是七八年前的一个二月份,记得是在李惠利医院的一个院落里。当时看到好几株一人高左右的植物,枝条光溜溜的,也没见有树叶,树上只有许多类似蜂窝一样的东西,高高低低地挂在树上,不禁吓了一大跳,心想,怎么会有这么多蜂窝呢?

当时还没有智能手机,又没有带相机,没能留下图片,所以深感遗憾。后来在自家小区里发现了三四株结香树,真是"得来全不费工夫"!此后每年开花时节,都会循香探访,尽情欣赏。

十二月某日,故地重游回小区,发现结香已经开始长花苞了,倒是意外的惊喜。结香开花要等到叶子掉光之后,而此时的结香,树叶大而舒展、鲜绿可爱,一点也没有要凋落的样子。要到阳春三月,结香才盛大绽放,到处异香阵阵。结香被称为梦花倒也名副其实,这做梦的时间居然长达三个多月,实在有趣!

宽叶老鸦瓣

摇曳山间花自妍

三月上旬

在众多贴地而生的早春野花中，最引人瞩目的，莫过于曾被称为"中国郁金香"的老鸦瓣（Tulipa edulis）。每年三月初，老鸦瓣都是刷遍各大植物公众号及朋友圈的耀眼明星。老鸦瓣，又名光慈菇，百合科郁金香属。郁金香属在浙江一共有三种，除了属长郁金香、老鸦瓣，还有宽叶老鸦瓣（Tulipa erythronioides）。

老鸦瓣不算稀奇，南北皆有，各省常见。而在宁波比较稀奇的是宽叶老鸦瓣，此花又名二叶郁金香，因二叶一葶一花而得名。据《浙江植物志》记载，宁波四明山区为其模式产地，这是宁波花友可以向外夸耀的独特品种。当

百合科·郁金香属

然,安徽部分地方也有分布,江西也有报道说发现了分布新纪录。但是,其分布的中心在宁波无疑。

根据手头资料,老鸦瓣之名,出自清人吴其濬的《植物名实图考》:"老鸦瓣,生田野中。湖北谓之棉花包,固始呼为老鸦头。春初即生,长叶铺地,如萱草叶而屈曲萦结,长至尺余。抽葶开五瓣尖白花,似海栀子而狭,背淡紫,绿心黄蕊,入夏即枯。根如独颗蒜。乡人掘食之。味甘,性温补。"这段记载非常简练,寥寥几句就把老鸦瓣形容得十分生动形象。不过,吴其濬可能数错花瓣了,老鸦瓣一般是六个花瓣。而且现代药学证实,老鸦瓣鳞茎有毒,不可以随便食用。

老鸦瓣群应置于郁金香属中,还是应独立为属,植物界长期以来存在争议。曾有消息说,老鸦瓣已经正式独立为属了。但是查《中国植物志》及相关资料,还未更改,为避免混乱,暂且从旧。其实,二者除了都是鳞茎植物,也看不出它俩有多少地方相像,是气质完全不同的两种植物。相对于外来的富贵仙子郁金香,我还是喜欢邻家姑娘般清新的老鸦瓣。老鸦瓣在宁波山野处处可见,在荪湖北山之上,我就曾遇见过两大片老鸦瓣群。

那天在北山拍好老鸦瓣之后,忽然非常迫切地想一睹那闻名已久却未识真面目的二叶郁金香的风采。请教"宁波植物活地图"林海伦老师,他说已经有零星开放了,他在茶山就看到过。于是当晚即与户外经验丰富且对宁海线路极其熟悉的"土著"梓木草兄约好,第二天一大早就前去寻访。

梓木草兄精心设计了一条登山环线:龙潭 — 茶园 — 摩柱峰 — 龙潭,全程大约二十公里,除了山顶茶园那一段,其余几乎全是陡峭

山路。为了寻找二叶郁金香，我们已经打算好经历一番辛苦。可好玩的是，刚刚走出龙潭村，还没开始登山，就在路边草地、崖壁之上看到了许多宽叶老鸦瓣。

传说中的花仙子，居然这么容易就看到了。我有一种憋足了劲却一拳打空的感觉。幸福来得太突然了！和梓木草兄观察、测量、拍照，忙得不亦乐乎！如果说老鸦瓣叶子最大的才如小韭菜叶那么大，那么宽叶老鸦瓣的叶子，则比大蒜叶子还要宽一倍呢，碧绿碧绿，十分可爱。花朵和老鸦瓣几乎一样，白色，六瓣，带有紫色斑纹。还有一点区别是花下的条形苞片数量，老鸦瓣一般为两枚，宽叶老鸦瓣则一般为三枚。

拍了照片，我心满意足，此行的目的已经达到，不管再遇见什么，那都是意外收获了。闻着柃木浓郁的香味，欣赏着白花满树的毛花连蕊茶，看着半开的山鸡椒，一路攀行。过茶园，从陡峭坡面登上海拔 872.6 米的摩柱峰，真正费了一番气力。山顶背阴处还有积雪，遇见了不少来自上海、嘉兴、嵊州等地的户外爱好者，看来茶山（东海云顶）在华东地区还是有一定知名度的。在峰顶极目四望，颇有"荡胸生层云"之感。

从摩柱峰另一面下山，前往龙潭村，是非常陡峭的风化山脊路。即便是两根登山杖撑着，还一路打滑。山脊之上，平时风力极大，而那天天气晴好，只是微微有点风而已。路边有很多适应了环境的半边旗树，还有本来高大的金钱松，都被矮化成了灌木。一路上坡下坡，似乎没有什么发现，路又不好走，于是将相机放入包中，准备好好走路。

没走几步，路边一株开着金黄色条形花的植物，忽然吸引了我的目光。我忍不住惊叫起来："啊，金缕梅！"春节刚刚在庐山植物园认识了这种恐龙时代就有的古老植物。这次居然在此发现了野生金缕梅，而且还是一大片，真是开心得很！一路数过去，最起码有百十来株。林海伦老师认为，这可能是宁波最大的野生金缕梅群。

再往下走，在一片柳杉林边缘，又发现了许多宽叶老鸦瓣，和山下遇到的那些相比，差异很大：花瓣粉红色，叶子更短更宽，有些叶子的颜色甚至变成了褐色，整体看上去更美丽，更明艳。

估计是生长环境的不同，导致了外观形态的变异。一个是在海拔300米左右的山谷，风小，光照少，需要更多的叶片来收集阳光，生成叶绿素，所以叶片长宽一些，花朵变异得小一些。一个是在海拔700米左右的山脊，风大，寒冷，光照强度大，因而叶子变小，花瓣花青素生成更多，花朵呈粉红色。

二十公里的陡峭山路，走得人膝盖和小腿都发酸，但一想到那些美丽的二叶郁金香和野生金缕梅，就觉得一切都值了！林海伦老师说，上山就会有收获，诚哉斯言！

波斯婆婆纳

当蓝星布满大地……

三月上旬

玄参科·婆婆纳属

春江水暖鸭先知,大地春回,谁先知呢?

我想,波斯婆婆纳一定会欢脱地嚷着叫着:"我们先知道!我们先知道!"

早在二月中上旬,当玉兰还躲在毛茸茸的花苞里,当梅花还没有吐露阵阵芬芳,当茶花还在修复被冻坏的花朵,波斯婆婆纳就已零零星星开出了美丽的小蓝花。

阳光送暖,东风吹拂,波斯婆婆纳犹如蓝色星芒,一夜之间缀满大地。花坛里、小河边、草坪上、操场沿,山野、田间、路旁,只要低下头,就能看见它们美丽的身影。

波斯婆婆纳毛茸茸、青翠翠的叶片,像蜗

牛触角般伸出花冠的两个雄蕊，缀着竖斑纹的蓝色花瓣，浅碟一样的花形，精致美妙极了！微风吹来，它们星星眨眼般地告诉你："我们就是春天的小天使！"

波斯婆婆纳是外来物种，从名字便可以看出，其来自阿拉伯地区。因其生命力顽强，对本土生态构成威胁，被称为入侵物种。当它们出现在农田、菜地、果园，常被当作杂草铲除，如任其蔓延，会造成粮食或作物减产，所以，农人必欲除之而后快。

王阳明先生说："天地生意，花草一般。何曾有善恶之分？子欲观花，则以花为善，以草为恶。如欲用草时，复以草为善矣。此等善恶，皆由汝心好恶所生，故知是错。"诚哉斯言！在山野荒地，甚至园林，它们就是美丽天使！

某日上午，在卖鱼河边的花坛里，居然还看到几株直立婆婆纳！波斯婆婆纳常见，但这种直立婆婆纳还是第一次看见。这两者的区别，除了一个直立、一个半直立外，主要在于花朵，前者花梗很长，花朵高高举过头顶，而后者的花朵则好似害羞的阿拉伯姑娘，躲在叶片之中，几乎都看不到了。

泽漆

绿叶绿花五朵云

三月中旬

　　八骏湾园区小河边的草地上，长着一些陌生的野花野草，不知道是风吹来的，还是鸟带来的，常常给我意外的惊喜。比如紫叶李树下的那些紫色小精灵长萼堇菜，又比如泽漆（*Euphorbia helioscopia*），它们在靠近民安东路的河岸边草地上，或者水泥缝里，有时一小片，有时单独几株，蓬蓬勃勃地生长着。

　　泽漆，大戟科大戟属一年生草本，造型奇特美丽，是植物迷们很喜欢拍摄的一种有趣植物。

　　泽漆造型独特，令人印象深刻，暗红色的柔茎顶端有五片轮生的叶状苞片，与茎叶相似，多歧聚伞花序顶生。初生时，俯视它，好像小小的

林捷 / 摄

林捷 / 摄

卷心菜。全盛时,五根小伞柄升高撑开,就像五把小伞,又像杂技演员在玩顶碗游戏,故有五凤灵枝、五凤草、绿叶绿花草、凉伞草、铁骨伞、一把伞、五盏灯、五灯头草、五朵云、五点草等别名。这些名字,倒也形象贴切。

从泽漆的名称来看,"泽"是指它们喜欢生在潮湿之地,"漆"是指柔茎折断之后会流出黏稠的白色乳汁,好似白漆。含白色乳汁乃是大戟科植物的特性之一,用于提取橡胶的橡胶树,亦是泽漆的大戟科兄弟。泽漆有很多外号,比如乳浆草、肿手棵、白种乳草、倒毒伞、乳草、龙虎草、奶浆草等等,就是源于它的乳汁具有毒性。

在网上看到过一首童谣:"五点草,点大屌,明天早晨拾身红棉袄。"说的是小男孩很怕这种五点草,小鸡鸡一不小心沾上五点草的白浆,那就有得红肿疼痛可以"享受"了。此谣虽然有点粗俗,但用来警示一下小朋友,估计还是蛮有效吧?一笑。

八骏湾名声在外,被同行誉为中国最美人力资源服务产业园,平均每周总有一两批来自全国各地的客人参访。作为东道地陪,园区几乎成了我的第二办公地。时间既久,对园区草木渐渐熟悉起来,看着它们春生夏长,看着它们抽叶开花,也是一件挺开心的事情。

刻叶紫堇

永丰库遗址的紫色精灵

三月中旬

罂粟科·紫堇属

　　三月中的一个下午，植物达人孙小美在微信群发了几张图，说："永丰库，发现刻叶紫堇，大片大片的，野生，杂草，感谢没有除草剂！"在宁波山野，紫衣仙子般的刻叶紫堇比较常见，但这么一大片出现在城市中心的鼓楼东侧永丰库，却十分难得，令人心痒难耐。

　　第二天一大早，我便冒雨前去探访。在永丰库遗址碑墙背后的花坛，见到了那一大片刻叶紫堇。放眼望去，深深浅浅的紫，搭配着苍翠清秀的叶，美丽动人，令人倾倒！

　　刻叶紫堇，罂粟科紫堇属一年生或多年生草本。紫堇的拉丁属名是 *Corydalis*，植物迷

们都亲切地称该属植物为"扣肉"。每年春天,大家都会去山野水洼、城市角落寻找刻叶紫堇、夏天无、珠芽尖距紫堇、小花黄堇等各具姿态、美丽异常的紫堇。

这一片刻叶紫堇估计已开了很久,已经长出了青青的角果。再过一段时间,待角果成熟之后,便会自动裂开,种子四散落下,然后越长越多,估计这片刻叶紫堇就是这样攻城略地的。刻叶紫堇全草入药,外用可以治疮癣、毒蛇咬伤,但全株有毒,不可内服,更不可挖来当野菜吃,从它的别号"断肠草"便知此草是不适合下肚的。

刻叶紫堇是浙江最为常见的紫堇品种之一,因其三深裂的叶子边缘,具缺刻状尖齿,好似刀尖一般,故名。刻叶紫堇的花偏紫色,而紫堇的花偏粉色。

有一年二月底,曾在东钱湖的马山湿地,邂逅了紫堇的另一个品种——珠芽尖距紫堇。和刻叶紫堇相比,珠芽尖距紫堇的花色相对

珠芽尖距紫堇

淡一些，花瓣先端颜色介于蓝紫之间，花冠尾部更尖更细。花朵也更加整齐稀疏一些，不像刻叶紫堇那么不规则，像横七竖八堆放的劈柴一样。

这一片美丽的刻叶紫堇，躲在这座碑墙的后面，难道是元代遗址千年精华结出来的历史之花？开篇孙小美那一句"感谢没有除草剂"，其实是有所指的。那些天，杭州拱宸桥侧，紫堇开花了，因为紫堇难得一见，很多植物迷兴冲冲赶去观赏，结果发现那些紫堇已经"光荣"地倒在除草剂下了。此举引起博物迷们的义愤，认为这么柔弱的一年生草本，和构树等乔木不同，对桥体根本构不成威胁，应该得到善待才对。

鼓楼城墙的石缝里，还长有另一种紫堇，据说开黄花，不知是哪一种，尚无缘得见。紫堇很喜欢生长在城墙石缝之中，南京明城墙上的紫堇就非常有名。当年南京为保护古城墙，要清除墙上的200多种植物，引起市民的广泛讨论，到底该除去哪些，一直没有统一意见。但对于紫堇这样柔弱的植物，大家倒是一致认为应该保留，它只会给城墙增添魅力，而不会造成伤害。

这两天，看到卖鱼路的绿化养护工人正在给花坛里的野花野草喷洒除草灵，杜鹃花下面那些繁缕、碎米荠、拉拉藤、婆婆纳以及野老鹳草们，估计难逃厄运了。在此，希望鼓楼的绿化养护者们能够善待这些紫色精灵，在清理花坛时，请千万高抬贵手！其实，这些野生的刻叶紫堇如果顺势成为地被植物，也是一个非常好的选择，不用人类费心养护管理，只要给它们一点空间，就会给世人带来无法想象的美好！

宝盖草

掀起你的盖头来

三月中旬

唇形科·野芝麻属

江东欧尚超市西侧，有一条小河。岸边，翠柳依依，树下，芳草鲜美。某天，在这里发现了大片波斯婆婆纳，星星点点，美丽壮观。之后，常来常新，找到不少宝贝，娇小的天葵，开白花的鸡肠繁缕，开黄花的刺果毛茛、蛇莓，还有疯狂扩张的拉拉藤、酸模。当然，还有本篇主角——宝盖草。所有的野花野草，都不负春光，在这里野蛮生长！

宝盖草，唇形科野芝麻属，一年或二年生草本。名字很好理解，看看它们的外形就知道。它们基部分叉之后，就再无分支，一茎直上，伸向天空。半圆、对生、抱茎的叶子，正好形成一

个整圆,将每一茎分隔为三或四层,每一层里面,都藏着宝贝,也就是它们繁殖后代的"法器"。故所谓宝盖草,就是其叶如宝之盖的意思。

宝盖草外形好玩,花朵更有特色,毛茸茸,粉红剔透,高高伸至宝盖之外,像兔子的耳朵,又像拱手作揖的小人儿,有时候看起来还像穿着粉色衣服正在台上舞蹈的女演员。从不同角度看,感觉很不一样。宝盖草花主要生在顶上两层,两朵到四朵不等。三月初发现河边有宝盖草之后,怕错过花期,前去探望了好几次。十多天过去,却总是未见花开,依然花苞点点的样子。

某日中午,在桑田南路的河边散步,低头寻宝,发现地上有不少美丽的小野花,有开着紫花的长萼堇菜,有开着黄花的稻槎菜,还有开着小白花的老朋友碎米荠,它们正在春风里自在地舞蹈。突然发现一棵铁树底下居然有一小片宝盖草,而且是开着花的宝盖草,鹤立于拉拉藤之间,真是意外惊喜!这就是所谓的"失之东隅,收之桑榆""念念不忘,必有回响"吗?

踏破铁鞋无觅处,花期一过空看枝。怎能错过这么好的拍摄机会呢?于是立马就地趴下,掏出手机,对着它们一阵猛拍。无奈,春风阵阵,花又太小,左右摇摆不定,对焦真是件很困难的事情,屏住呼吸憋了好一阵子,才勉强得到几张还算清晰的图片。

西府海棠

只恐夜深花睡去

三月中旬

蔷薇科 · 苹果属

江南日常所见的海棠，大抵可以分木本和草本两类。不过，木本和草本两类海棠，虽然都有海棠之名，但并非同科，木本多为蔷薇科，草本多为秋海棠科。本篇所指，主要是蔷薇科的海棠。木本主要有垂丝海棠、贴梗海棠以及西府海棠等几种。其中贴梗和西府比较少见，而垂丝海棠大有一统天下之势。草本主要有四季海棠、竹节海棠。竹节海棠又名虎皮海棠、银杏秋海棠，极易扦插成活。在我的工作单位，由一株开始，已分出几十株，几乎每个房间都有一盆竹节海棠。

第一次看到西府海棠这个花名，是在《红楼梦》里。当时，大观园工程竣工，"领导"们视察工

程情况,有这样一段情节:

> 贾政与众人进去,一入门,两边都是游廊相接。院中点衬几块山石,一边种着数本芭蕉;那一边乃是一棵西府海棠,其势若伞,丝垂翠缕,葩吐丹砂。众人赞道:"好花,好花!从来也见过许多海棠,那里有这样妙的。"
>
> 贾政道:"这叫作女儿棠,乃是外国之种。俗传系出女儿国中,云彼国此种最盛,亦荒唐不经之说罢了。"众人笑道:"然虽不经,如何此名传久了?"
>
> 宝玉道:"大约骚人咏士,以此花之色红晕若施脂,轻弱似扶病,大近乎闺阁风度,所以以女儿命名。想因被世间俗恶听了,他便以野史纂入为证,以俗传俗,以讹传讹,都认真了。"众人都摇身赞妙。

海棠花是《红楼梦》里一个重要的文学意象。大观园诗社名为海棠社,才女们第一次大规模聚会吟诗,以白海棠为题。林黛玉的"偷来梨蕊三分白,借得梅花一缕魂",尽得海棠神韵,而薛宝钗的"淡极始知花更艳,愁多焉得玉无痕",也颇含人生哲理。书中还设置了海棠花半枯情节,预示晴雯命运,并引出宝玉关于草木与人的一段议论,颇有意思,故引过来回味一下:

> 宝玉道:"这阶下好好的一株海棠花,竟无故死了半边,我就知有异事,果然应在他身上……不但草木,凡天下之物,皆是有情有理的,也和人一样,得了知己,便极有灵验的。若用大题目比,就有孔子庙前之桧,坟前之蓍,诸葛祠前之柏,岳武穆坟前之

松。这都是堂堂正大随人之正气,千古不磨之物。世乱则萎,世治则荣,几千百年了,枯而复生者几次。这岂不是兆应?小题目比,就有杨太真沉香亭之木芍药,端正楼之相思树,王昭君冢上之草,岂不也有灵验。所以这海棠亦应其人欲亡,故先就死了半边。"

三种木本海棠之中,我更喜欢浓淡相宜、冰清雅致的西府海棠。贴梗海棠太红,红得有点俗;垂丝海棠含苞之时,还比较秀气,盛开之后,则太浓艳,有点让人透不过气来;西府海棠含苞之时,鲜红可爱,恍若胭脂点点,点缀于疏密有致的碧叶之间,盛开之后,则白里透红、自由舒展,苞美,花更佳。曹雪芹先生以此花来比喻自己钟爱的小说人物,实可谓高明。

历代诗人吟咏海棠花的诗句很多,而我印象最深的,是东坡先生的句子:"东风袅袅泛崇光,香雾空蒙月转廊。只恐夜深花睡去,故烧高烛照红妆。"尤其最后一句,诗人将爱花惜花的痴绝之情,写得逸趣横生而又入木三分。东坡先生被贬黄州,初居定惠院,山上也有一株海棠,他非常喜欢,每岁开时,必携客置酒,已五醉于其下矣。东坡先生之至情至性,由此可见一斑。

西府海棠在宁波并不多见,我孤陋寡闻,只知道宁波凯利大酒店对面有三株,就在雷公巷路边。植物达人孙小美说,中医院门口也有几株,我还没见过。早上路过雷公巷,见一株已花开满树,一株正含苞欲放,另一株则似乎还在积蓄力量。三株依次开放,倒也好,让赏花之期延长了不少,我们可以不必"故烧高烛照红妆"。但是,赏花还是要趁早,美好是不等人的!

紫叶李

乱花渐欲迷人眼

三月中旬

江南三月,草长莺飞,百花争妍。烟雨迷蒙之中,春天的故事在不停上演,垂柳吐新绿,海棠含苞羞,玉兰正在做最后的谢幕,香樟落叶飞舞现秋意。到处蓬蓬勃勃,生机一片。

这个时节,无论是行驶在道路上,还是漫步在公园里,甚至就在居住的小区里,人们都有可能会瞥见一种花开满树的乔木。一朵朵白瓣红心的花朵,正缀满枝头,整体看起来,好似一片片轻云,降落于树间,特别惊艳!

不明所以的,会误以为这是樱花。的确,紫叶李和以染井吉野为代表的樱花,花形酷似,颜色相近,远远看过去,确实容易让人产生误会。

蔷薇科·李属

紫叶李

Prunus Cerasifera

紫叶李与樱花同属蔷薇科，然紫叶李为李属，早樱为樱属。樱、李、桃、梨这些蔷薇科的美丽春花，一直以来就是辨识难点。直到如今，我也会犯迷糊。但就紫叶李和以染井吉野为代表的樱花来说，它们之间的异同，还是可以辨识的。

紫叶李最大的辨识特征，正如其名，便是叶子。其叶子无论是叶芽之初，还是长成之后，均为紫红色。老叶紫红色更深一些，在夏日绿树浓荫之时，它们油亮的暗紫红色依然显眼，这是它们最显著的标签，故以此命名。

细细观察会发现，虽然紫叶李花开灿烂，但与此同时，叶子也会在花边长出来。因为紫叶李花叶间杂，一大片淡红之中总会带点暗色。

阴雨天，天色暗，加上叶子暗，哪怕盛花期的紫叶李，整体看起来就是双倍暗。故欣赏成片的紫叶李，最适合在晴天，明媚的阳光会将花瓣点亮，整株花树就如云似锦，灿若明霞了。

花叶同生是紫叶李区别早樱的一个重要特点，而早樱同玉兰、檫木、梅花等一样，是先花后叶。等到花期将过之时，樱花的新叶才会慢慢长出来，且长出来的新叶，一般为绿色。因无叶子间杂，早樱开得更加纯粹明净，更显得圣洁无瑕，特别动人心魄。

从花期来说，紫叶李和玉兰差不多，属于第一批早春花树，一般二月底三月初就开花了。而以染井吉野为代表的樱花，一般要到三月底四月初才会盛放。比如海曙公园里那一大片染井吉野，三月中旬路过时，特地看了一眼，还安静得很，连花苞都没有长出几个，盛花期估计要到四月上旬。

当然，也有一些早樱品种，如修善寺寒樱、迎春樱、河津樱等，开

放时间甚至比紫叶李还要早一些。三月十八日在宁海大短柱峰看到好多浙闽樱,已经绚烂之极了。但这些早樱,要么在植物园,要么在山野,在园林里很少配置,并不为常人所见。

虽然紫叶李整体效果要输给樱花,但局部细看,或者单朵比拼,紫叶李之美,同样动人。西河街边上的一个小巷子里,早晨的柔和阳光,像一位神奇的魔术师,把紫叶李的花叶打扮得绚烂动人。月湖边上,一株平淡无奇的紫叶李,因为有了白墙黛瓦的古朴围墙作背景,便显得韵味十足,气质动人。这足以证明,是什么花木并不重要,关键要有适当的角度、光线和时机。诸缘具备之时,再平凡的花木,也能成就美丽传奇。

紫荆

此紫荆不是那 HK 紫荆

三月下旬

豆科·紫荆属

谈到紫荆,或许有人首先想到的是香港区花。若干年前,我亦作如是想,且时常迷惑:为何宁波人说的这种紫荆花,并不像香港区旗上的样子呢?

后来翻书才明白,香港紫荆花在《中国植物志》里,中文名为洋紫荆,是豆科羊蹄甲属落叶乔木。因叶子宽略超过长,顶端二裂,状如羊蹄,故名。闽台、两广、海南等南方省份多见,世界各地都有种植。而本文所讲的紫荆,是我国自古以来就有的物种,豆科紫荆属丛生或单生灌木,植物拉丁名中有 chinensis 这个词的,基本为中国原生植物,故本种紫荆在中国南北

秋麟 / 摄

都很常见。

土紫荆和香港紫荆最明显的区别,是花朵形状。洋紫荆的花形,就是我们熟知的香港区旗上那种五瓣花冠,大如手掌,略带芳香,故又称为"香港兰花"。而宁波所见的紫荆,则是那种典型的豆科蝶形小花朵,粉紫色,小巧玲珑,明艳清新,先花后叶,贴树簇生。一些上了年

头的树，花开得密密麻麻，有密集恐惧症的人，恐怕不喜。

一个为乔木，一个为灌木或小乔木，而且花叶也很不相同，不知为何两者的名字会如此相像，以至于似是而非。难道仅仅因为两者的果实都是荚果？当然，豆科植物的果实都是如此，亦不足为凭。

这个时节的宁波，以花开的热闹程度来论，垂丝海棠、红花檵木估计可以排名第一第二，第三名则非紫荆花莫属。不管主干，还是分枝，均是蓬勃开放，花棒满树，越是老干，花越繁密。记得女儿小时候，经常和小朋友一起拎着花篮，去紫荆树上捋紫荆花朵，捋了半篮子后，就互相扔过来扔过去，撒花如雨，开心得很。

紫荆又名兄弟树。其来历，在历史上还有一个有趣的典故。据南朝梁吴均《续齐谐记》记载：

  京兆田真兄弟三人共议分财，生赀皆平均，惟堂前一株紫荆树，共议欲破三片。明日，就截之，其树即枯死，状如火燃。真往见之，大惊，谓诸弟曰："树本同株，闻将分析，所以憔悴。是人不如木也。"因悲不自胜，不复解树，树应声荣茂。兄弟相感，合财宝。遂为孝门。真仕至大中大夫。

  这紫荆性格确实比较刚烈，当听说要被砍成三份，马上枯萎，但田真刚决定"不复解树"，马上"应声荣茂"，也真是神奇。这个故事说教意味非常明显，无非提倡家和万事兴。古人为了劝人和睦向善，真是费了不少苦心！

蓬蘽

春天被问得最多的野花

蔷薇科·悬钩子属

三月下旬

若要问春天被问到最多的城市野花是谁，估计非蓬蘽莫属。为何蓬蘽如此引人注目？细细思量，也很好理解，无论在城市，还是在山野，都无法回避它的存在。每个社区的花坛、角落，路边的绿化带，拆迁地块，待建设荒地，几乎到处可以见到这种带着尖刺的攀援型小灌木。尤其是城市绿化带顶端，总是不知不觉就爬上来几朵蓬蘽花，大方舒展，洁白素雅，非常可爱。

我一直在思考，蓬蘽到底是如何来到城市的，又为何分布如此广泛呢？从它们大量出现在城市绿化带、花坛里的情形来推断，可能是

章志芬 / 摄

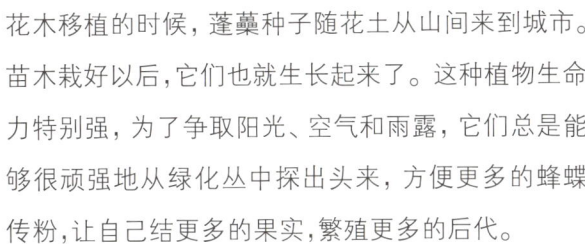

　　花木移植的时候，蓬蘽种子随花土从山间来到城市。苗木栽好以后，它们也就生长起来了。这种植物生命力特别强，为了争取阳光、空气和雨露，它们总是能够很顽强地从绿化丛中探出头来，方便更多的蜂蝶传粉，让自己结更多的果实，繁殖更多的后代。

　　但在汪弄社区和玻璃厂之间高高的围墙之上，居然也有这么一排蓬蘽，在风中摇曳生姿。这着实让我惊讶！它们毕竟不像蒲公英那样，种子能够随风而行，到处安家，它们这种球形的小浆果，是怎么到高墙上去的呢？合理的解释可能是蓬蘽果实被鸟雀吃了之后，随其粪便传播至此。但在如此坚硬的水泥墙

上，就那么一层薄薄的尘土，它们居然能够长得如此生机盎然，不得不让人肃然起敬。

在宁波城市及山野常见的悬钩子属植物，有好几种。山莓，花期和蓬蘽差不多，但区别比较明显，蓬蘽属于攀援型小灌木，而山莓是直立型小灌木，在山中自立自强，自成一体。从花朵朝向来看，蓬蘽一般端端正正朝上生长，而山莓和掌叶覆盆子一样，花朵都是朝下长的。

另外，从果实来分别，蓬蘽和其花冠朝向相适应，朝上长，这是蓬蘽区别于其他悬钩子植物最大的特点。而山莓、掌叶覆盆子和高粱泡的果实，都是朝下长的。那如何区别它们三者呢？根据果实成熟期，即可将高粱泡区分开来，其果期在十一月底至十二月。而山莓、掌叶覆盆子都在五六月间，其主要区别在叶子，山莓叶子卵状披针形，而覆盆子叶子掌状深裂，区别很明显。一图胜过万言，三种果实之间的细微区别一目了然。

蓬蘽果期在五六月份，果实朝上

山莓果期在五六月份，颗粒更大，味道偏酸，果实朝下

掌叶覆盆子的小颗粒更加细密，果实也偏大一些，味道偏甜，果实朝下

高粱泡果期在十一二月份，果实朝下

山鸡椒

一树碧玉展新颜

樟科·木姜子属

三月下旬

　　一直有个错觉,以为山鸡椒是春节之后最早大规模开花的山野植物。这个错觉也许来自 2014 年春节,那时去老家新干上寨、燥石玩,看到不少山鸡椒已经满树繁花了。2015 年 12 月 25 日,当我在宁波松石岭拍下一张山鸡椒含苞的图片时,心里就在想,用不了多久,就可以欣赏到山鸡椒那如碧玉般的美丽花朵了。

　　一个月后的 1 月 26 日,和老爸一起去新余百丈峰游玩,山鸡椒还是含着苞,个别性急的也只是微微胀开了一点缝隙,而以前没大注意的檫木,倒有好几棵已然盛装登场了。2 月

18日，宁波东道岭的檫木已经漫山遍野照山明了，我一路絮絮叨叨：山鸡椒怎么还没开花呢？2月26日，跟着梓木草兄去宁海摩柱峰寻找二叶郁金香时，终于看到山鸡椒半花半苞了。3月17日，再入宁海去大短柱峰"刷山"，才看到山鸡椒一树碧华展秀妍，满山满谷热热闹闹开将起来。

　　从十二月中旬到三月中旬，山鸡椒为那一树绚烂所做的准备工作，可谓十分充分，毫不苟且。在网上看到一段资料：山鸡椒用种子繁殖，种子休眠期长，发芽极为迟缓，播种后需50天左右始得萌发，发芽持续时间可达两年之久，但生长迅速，结果力强，定植苗三年即进入丰产期。如此看来，无论萌芽，还是开花，山鸡椒都不打无准备的仗，很注重积蓄力量。一旦时机成熟，就以迅雷不及掩耳之势，干净利落地去完成既定目标。这是我喜欢的行事风格。

　　山鸡椒花苞很小，也就小豌豆那么大，摘下一颗揉一揉，一股好闻的樟油浓香扑鼻而来，十分提神醒脑。可别小看了这一粒粒小豌豆，它们可是神奇的魔术师。某天稍不注意，就会将苞片打开。如果观察足够仔细，就会发现，中间一朵会先绽放，旁边四朵还含着苞，众星捧月般围着先开的花朵。那样子，就好似一个茶壶配了四个茶杯，放在托盘里，非常有趣。

　　等到这四朵也开得像第一朵那么大时，苞片全部打开，并下垂，为五朵小花腾出足够的空间。让人不禁感叹，那么小小的一个花苞里，居然藏了这么多小花朵，造物者之巧，真非我们人类所能想象。

　　山鸡椒的花朵，绿中透黄，玲珑精致，如碧玉般美丽。开到最盛之时，一簇簇，一团团，缀满绿色小枝，清香阵阵，清雅迷人，成为那时山

间最亮丽的风景线。

　　山鸡椒果外形和樟果很像，一开始绿色，成熟后变黑，大小也差不多。这也不难理解，毕竟二者是樟科同门。通过蒸或者压榨方式制成的山鸡椒油，可广泛运用于食品、药品，甚至化妆品等许多行业。山鸡椒果实内含驱蚊成分，据说用山鸡椒油涂搽后，驱蚊效果可达 8 小时。山鸡椒的果实晒干之后，是一味很有名的中药，叫作荜澄茄，可治胃寒痛和血吸虫病。

　　听堂妹老芳说，她还在老家读高中时，常常和婶婶一起去摘山鸡椒果。南方农村最辛苦的"双抢"结束之时，也正是山鸡椒果成熟的时候。为了贴补家用，村人顾不得炎热和劳累，忙完田里的事，接着又去山里采山鸡椒果，手脚麻利的，每天能采一两蛇皮袋呢。在药贩子那里，晒干的山鸡椒果能卖到七八元一斤，一天辛苦下来，收入多的可达两三百元。周末打电话回家，聊及此事，老爸说，现在农村人生活好了，赚钱的渠道多了，再没有人吃那个苦，冒着酷暑去山里采山鸡椒果了。不过，这不正是山鸡椒之福吗？

琼花

世外仙葩落凡间

四月上旬

忍冬科·荚蒾属

曾经以为琼花唯扬州独有,要看此花非去扬州不可。

第一次听说琼花,就是在评书《隋唐演义》之中,说隋炀帝为了看琼花,特意修大运河去扬州,结果花没看到,国倒亡了。宋韩琦有一首诗《后土庙琼花》说:"维扬一株花,四海无同类。年年后土祠,独此琼瑶贵。"此诗说得很明白,这一株花,四海都没有同类。

后来,庐陵老乡欧阳修做扬州太守时,曾在扬州琼花旁建无双亭,以示此花天下无双,并赋诗《答许发运见寄》一首:"琼花芍药世无伦,偶不题诗便怨人。曾向无双亭下醉,自知

不负广陵春。"

知道宁波也有琼花,是 2007 年在清风论坛。彼时,清风论坛天一书话仍处于十分热闹的时期。某天,网友"盛世唐朝"发帖说要去扬州看琼花,并发了几张琼花的图。"掬水月在手"见后说,如果这就是琼花,那月湖公园就有一大片。得此消息,特地寻访,果然有好几株。靠近镇明路柳汀街附近有五六株,石浦大酒店月湖店斜对面的路边也有两株,且开得最好。曾经名贵一时的阆苑仙葩,原来已经成为园林品种了。

时光如白驹过隙,一眨眼,十年过去了,清风论坛已随风而逝,但月湖公园的这些琼花,却美丽如故。四月中旬一个周末,正好有空,特意去探望这些老朋友,发现去得正是时候。几处琼花,正值盛放,一树树繁花,恍如大雪压枝,又似白蝶纷飞。

琼花是聚伞花序,八朵大白花围在长满小玉珠般花苞的花盘外缘,微风吹来,犹如只只白蝶在玉珠之间翩翩起舞。在姹紫嫣红、百花争艳的晚春,琼花却以其一身洁白独立于天地之间,的确不失其冰清玉洁的高贵品格。

琼花外缘的八朵大白花,属于不孕花,是用来吸引蝴蝶和蜜蜂传粉的。这是植物的智慧之一,荚蒾属不少植物的花朵都有这样的分工与结构。琼花中间那一盘小珠子一样的小花,才是具有雌蕊雄蕊的可孕花。秋天树上那一簇簇的小红果,就是由这些小花发育出来的。

容易和琼花搞混的同科同属植物有两种。

一是木本绣球。这是琼花的变种,所有的花都由不孕花组成,好似一个大雪团,盛花时满树皆雪。我在月湖拍到过一株,在别的地方,

琼
花

Viburnum macrocephalum

见到木本绣球的机会,比琼花多一些。

还有一种是蝴蝶戏珠花,也是落叶灌木。其花序同样由不孕花和可孕花组成,它与琼花的区别在于外围不可孕花的数目。蝴蝶戏珠花的不孕花,一般是四至六朵,也没有琼花那么整齐秀气,感觉有点散;而琼花是标准的八朵不孕花,所以琼花又名聚八仙。数数外围不孕花的数量,便可以将琼花和其他几种相同结构的荚蒾属植物区分开来。

此花只应天上有,人间难得几回看。曾被古人视为人间少有的奇花异草,落入人间的世外仙葩,居然就在我们身边,而且能在盛花时节相遇,不可不引为人生之快事!

辛夷

应是玉皇曾掷笔,落来地上长成花

四月上旬

　　辛夷,即紫玉兰,难道就是开紫色花朵的玉兰吗?我猜,持如是说法者,概率大约在百分之九十八以上。事实上,我们日常所见开紫色花朵的玉兰,绝大多数都是二乔木兰(园林上称为二乔玉兰),紫玉兰其实非常少见。由此看来,一般人认错的概率极大,故很有必要说一说。

　　紫玉兰为我国传统名花,古名辛夷、侯桃、木笔等。秦汉时期的《神农本草经》即有记载,可见其历史之久远。李时珍解释辛夷之名曰:"夷者,荑也,其苞初生如荑而味辛也。"唐朝撰有《本草拾遗》的宁波鄞县人陈藏器说:"辛

木兰科·木兰属

夷花未发时,苞如小桃子,有毛,故名侯桃。初发如笔头,北人呼为木笔。"我很喜欢辛夷、木笔这些古雅的名字,不像植物志上用的紫玉兰,一眼就望到底,一点回味都没有。

辛夷或红或紫,花色清妍,花形奇特,形如木笔,又似小荷。古代吟咏它的诗作很多。如唐代裴迪"况有辛夷花,色与芙蓉乱",将其与芙蓉媲美。白居易的"紫粉笔含尖火焰,红胭脂染小莲花。芳情香思知多少,恼得山僧悔出家",是调侃灵隐寺光上人之作,描写十分有趣。唐代欧阳炯诗云:"含锋新吐嫩红芽,势欲书空映早霞。应是玉皇曾掷笔,落来地上长成花",以及宋代李雪林《木笔》诗云:"巧如鸡距锐如簪,蘸紫濡红粉不深。青帝合教随侍史,万花国里写春心",都是就"木笔"之名展开的丰富想象。

紫玉兰和二乔木兰如何区分呢?这可以从它们之间的渊源说起。二乔木兰,是玉兰与紫玉兰的杂交种。用通俗一点的比喻来说:身材高大的大乔木白玉兰是父亲,娇小玲珑的灌木紫玉兰是母亲,两者结合,生下了二乔木兰这个美丽的大姑娘。二乔木兰吸收了父母双方的优点,有着父亲白玉兰一样的高大身躯,也保留了母亲紫玉兰那娇美的紫色容颜。由此之故,二乔木兰成为广受欢迎的园林花木,运用之广,几乎超越所有玉兰。因颜色被误认为紫玉兰的概率也极大。

具体一点说,紫玉兰和二乔木兰的区别主要有四点:

一是形态。二乔木兰是乔木,有明显的主干,高可达十米;紫玉兰是灌木,自基部开始分枝,常丛生,最高不过三米。这是最明显的区别,凭此一点,即可辨识是二乔木兰还是紫玉兰。

二是花被片。二乔木兰亦同白玉兰,有九个花被片。而紫玉兰只

有六个花被片,还有外轮三片已退化成萼片状。因而,数花被片数量也是能将二者区别开来的。

三是花叶。二乔木兰亦同白玉兰,均为先花后叶,花开满树,十分壮观,花落之后才会长叶子;紫玉兰花叶同放,紫花绿叶,疏密有致,亦小亦美。

四是花期。二乔木兰的花期和白玉兰同时,均为二月开花,是早春第一批开花的植物;紫玉兰三月底含苞,四月初才开花,而这时春深似海,二乔木兰、白玉兰已经花谢叶生,嫩叶满树了。

这些年,一直期望见到紫玉兰的庐山真面目,但始终未能如愿。前段时候,还和群友"小兔子"约好,抽空去杭州植物园看紫玉兰。念念不忘,必有回响。三月初去宁波植物园看早樱花,徐老师指着地上一小丛光枝小苗说:"这就是紫玉兰。"那是我第一次看到它。

三月底的某个早晨,群友"东道岭岭主"三哥发来图片,也说看到紫玉兰了,地点就在前河公园。啊,真是太神奇了,这个公园就在我新单位两百米远的地方。中午去看,果然就是,而且有十四丛,高两米多,一看就是有些年头了。这正是:众里寻他千百度,蓦然回首,那花却在附近公园处!

大花无柱兰

恍若神仙妃子

四月下旬

大花无柱兰，浙江主产的珍稀兰科植物，宁波为模式产地。"无柱兰"是属名，因该属模式种的蕊柱极短而得名；"大花"指其花朵在该属植物中最大，这是一种美貌与智慧并存的植物。和大花无柱兰的相见，是一段令人怦然心动的奇妙之旅。

2016 年，初次看到大花无柱兰的图片，即被其颜色、姿态和气质所惊艳，但彼时花期已过，要想一亲芳泽，只能期待来年。据说其花期在清明前后，于是第二年清明小长假去溪口"刷山"时，一直默默祈祷能够偶遇它。无奈，在河谷岩壁之间搜索了一天，却无缘得见。接

兰科·无柱兰属

大花无柱兰

Amitostigma pinguiculum

下来一个周末，忽然有机会跟着林海伦老师去"刷山"，终于在溪口见到了朝思暮想的小仙女，真是幸福从天而降。

尽管无数次看过图片，对其形象已熟悉得不能再熟悉，但当我第一眼看见崖壁之上青苔之间的小仙女本尊时，还是被其超凡脱俗的美丽气质所倾倒。同行的小伙伴们也欢欣雀跃地跳下车来，一拥而上，忙不迭地从各个角度给仙女们拍照。拍完照，忽然一抬头，发现高处的崖壁之间，居然还有更大的一群。我小心翼翼攀上湿滑的崖壁，近距离欣赏，这一大片大花无柱兰，连花带苞超过一百朵。微风吹来，好似一群紫衣仙子在崖壁间翩翩起舞，场面之壮观，景致之美好，令人倾倒！

仔细观察每一株大花无柱兰，会发现它们的结构简洁之极，只有一叶一葶一花，但每一部分却是那么精巧微妙，无一不体现出大花无柱兰高超的生命智慧。

它们的叶片青翠碧绿，叶形比较宽大，有利于通过光合作用制造更多的养分。因为长在岩石薄土之上，无法通过根部吸取地下水，它们就把叶子基部卷成一个小漏斗的样子，收集存储崖壁上的滴水或者雨水，供株体生长使用。一个小小的叶片居然使用得如此充分，实在让人惊叹。

其花葶虽然比较纤细，但却很坚韧。为了让传粉者看到自己，它们把大花朵举得高高的，好像在打着旗语：I am here, I am here! 而大花无柱兰最令人惊艳的，是它们的大花。它们含苞的样子，很像一只只拖着长尾巴的紫色小蝌蚪。尽人类所有想象，也不会想到这只"小蝌蚪"里面，居然藏有如此精巧复杂的结构。打开的花朵，既像一个

个舞姿优美的花仙子,又像一个个伸手索抱的小女孩,萌得人心都要化了。

　　大花无柱兰的花朵,由萼片、花瓣、唇瓣和花距等构件组成,其中中萼片一个,侧萼片两个,花瓣两片,唇瓣一片,花距一个。萼片在最外一层,含苞之时保护整个花冠。中间竖立的是两片花瓣,合抱,保护着合蕊柱。

　　整个花朵最引人瞩目的,是飞机机身一样的唇瓣,三裂,中间微凹,上面还有深紫色的斑点。唇瓣巨大,其他所有萼片花瓣加起来也不如它大。它的功能,类似于机场跑道,要供传粉的昆虫们起飞降落,当然要宽敞一些。那些斑点,则指示花蜜的方向。而那个被称为"距"的长尾巴,是用来藏花蜜的,只有具备相应长度口器的特定昆虫才取食得到。而要取到花蜜,必须爬过那个生有两大块花粉的深紫色合蕊柱,出去时将花粉粘带到下一朵花,实现传粉。这也是大花无柱兰对传粉者的一个筛选机制,是植物与传粉者协同进化的结果。

　　细细观察大花无柱兰的生境,会发现它和其他兰科植物一样,喜欢生于覆有薄土的岩石或崖壁之上,和许多苔藓植物共生。这些地方环境恶劣,除了它们,别的植物没法扎根,这就减少了其他植物与这些兰科仙女们的竞争。并且,通过各种高超的营养摄取与存储技术,它们在这些地方站稳脚跟,为自身发展争取到更大的空间。对这些既美丽又聪明的仙女级植物,我唯有赞叹和敬佩。

油桐

落花时节又逢君

四月下旬

　　油桐之美，在于桐花。桐花之美，却在落花。

　　油桐是速生性植物，三年左右即可开花结果，个子长得很快，最高可达十米。油桐盛花之时，满树如雪，非常壮丽。但因其高高在上，始终无法近距离欣赏花朵细节，只能感受一种氛围之美。

　　等它们凋落，拾起落花，才会发现，每一朵桐花，都那么精致美丽。五片白色大花瓣，洁白素雅，而花瓣内侧，镶着好看的淡橙红色脉纹。从功能上来说，这些脉纹是为了给传粉昆虫指示花蜜的位置；但从美学角度来看，却成为整朵花的点睛之笔。因为它们，花朵一下子生动

大戟科·油桐属

起来了，既端庄秀丽，又活泼灵动，显示出一种独特的美。

油桐是江南常见之树种，记得老家的房前屋后、山野荒坡之间，常常可见东一棵西一棵的油桐树。但年少之时，对山果味道的关注，大于对花朵之美的关注。也曾听大人说，油桐籽有毒，误食后会拉肚子，故对这种司空见惯的日常植物，没有什么亲近的意愿，脑海里也几乎没有关于桐花的深刻记忆。唯一有点印象的是，家里如果新做了水桶木盆、桌子椅子之类，会刷一层又一层的桐油，可以防裂防水防蛀虫。而那桐油的味道，则实在不怎么好闻。

重新发现桐花之美,是2013年4月去台湾的时候。走出台北桃园机场,忽然看到行李手推车的横档上,有一条广告,背景是烟雨迷蒙的山水,其间有三朵微距特写的大桐花,清雅脱俗,标题写着"桐花祭"三个隶体大字,画面特别美好。查资料才发现,这是一个了不起的文化创意项目。当年,庄锦华女士受苗栗县和客家委员会委托策划此项目。她将美丽的桐花与厚重的客家文化进行整合,将对客家文化的传承与记忆,寄托在美丽的桐花上,打通文化、旅游、美食和休闲各个产业链,活动则通过祭祀的形式进行。自2003年开始,"桐花祭"每年在全台湾岛联合举办,持续七周左右,据说拉动经济产值可达300亿左右新台币,成为一个闻名遐迩的经典文化项目。

小小桐花,居然有这么大的魅力,不由让人心生敬意。回宁波后,每次"刷山",总会留意是否有油桐树。但遗憾的是,除了在三溪浦水库附近山崖边发现过一棵结着果实的油桐树,就没有再目睹过芳踪。上周,一个人去溪口"刷山",期待在山中偶遇某种如大花无柱兰一般的兰花仙子。一路上,但见小野芝麻、泥胡菜等野花一丛丛盛开在路边,金樱子硕大洁白的花朵,也在春水轰鸣的溪边开成一片白雪。抬眼望去,到处苍翠养眼,枫杨等落叶树披上了一身新绿,久雨初晴后的阳光也有点晒了,山间已是一派初夏景象。

走着走着,在一个小山溪边,忽然瞥见好多小白花,稀稀疏疏落在石头上、溪岸边、清水里。定睛一瞧,哎,这不就是桐花吗?真是意外惊喜!原来高处的竹林之间,杂生着两棵五六米高的油桐树,新叶初绽,花开正好。微风吹来,桐花扑簌扑簌往下落,掉在竹叶之间,落在地上,漂在水里,景象异常美好。凋落的桐花,都很新鲜,且多为雄花,它们一旦完成授粉,就整朵往下掉,据说是为雌花结果留出更多营养。这是植物的一种生存智慧,也被客家人比喻为为后代子孙做出各种奉献和牺牲的伟大的父母之爱。

我捡起地上的一些桐花,细细欣赏之后,随意放在石头上,找好角度,用心拍照,希望能够尽量展现它们的美丽、可爱与可敬。拍好照,挑了一块干净的大石头,就在那里坐着。任春风拂过脸颊,任桐花落在身上,耳听着自然万物发出的各种声音,心里特别宁静、舒适。不知自己身在何处,亦不知今夕何夕。

鹅掌楸

胸有丘壑谁人知

四月下旬

　　与每一种植物的相遇,都是因缘和合的结果。2009年,工作单位搬到火车东站的商务楼宇,于是,附近桑田路上的儿童公园、海洋世界、宁波职教中心及周边区域,就成了平时午饭之后散步消食看植物的必走区域。

　　2015年深秋某一天,路过宁波职教中心大门口,被校园内几株高大健壮的鹅掌楸(*Liriodendron chinense*)所吸引。彼时的鹅掌楸树,已满树金黄,一片片形状独特的叶子,好似大自然这个高明裁缝裁出的黄色小马褂,一件件挂在树上,微风吹来,随风摇摆,好像谁家正在晾晒衣服呢!有些叶子腰身再收一收,又

木兰科·鹅掌楸属

杂交鹅掌楸

鹅掌楸

像女式马褂了,真是十分神奇!

　　有奇相者,必有奇事,必有来历。不查不知道,一查吓一跳。原来鹅掌楸是一种十分古老的子遗植物,早在1.4亿年前的白垩纪,就在地球上了。自第四纪冰川以后,仅中国的南方和美国的东南部有分布,故鹅掌楸为我国独有的珍稀树种。不过,相比于水杉、珙桐和银杏等几种入过课本的化石植物,真正认识鹅掌楸的人还不多。好在此树各地已经广泛栽培,宁波城很多道路两边,都可以看见鹅掌楸树,比如鄞州的钱湖北路,东部新城的一些道路等等。

　　一次机缘,遇到宁波职教中心的张国方校长,闲聊中才得知鹅掌楸之于学校,还有特殊意义。张校长说,学校有六十多棵鹅掌楸树,这些树,树龄悠久,树干挺直,叶片独特,花朵优美,学校将鹅掌楸作为校园文化的一部分大力弘扬,鼓励师生"做一个受社会尊重的人",就如同鹅掌楸是一种受人尊重的树一样。

　　鹅掌楸不但叶奇,花朵亦极美。鹅掌楸的英文名字是"Chinese Tulip Tree",译成中文就是"中国的郁金香树"。每年四五月份,鹅掌楸含苞,形同才出水的绿色小荷尖,小巧而别致。其花瓣初开时是绿色的,像一朵美丽的绿色郁金香,后来慢慢有点绿中透黄,变得颇具金属质感。尤其当阳光透过树叶,洒进绿碗之中,整个花冠都被点亮了,里面影影绰绰的花蕊,看起来犹如盛满了碧玉琼浆,让人陶醉!这远古植物果然非同凡响,开花都如此具有历史之感!

　　鹅掌楸的果实也很可爱。聚合果未成熟时为绿色,形如毛笔头,果实被外皮紧紧裹住,无一丝缝隙可入,摸起来非常坚硬。成熟之后,外皮变成黄褐色,并逐渐打开,这时候,就会看到一个个带翅的小

鹅掌楸

Liriodendron chinense

坚果，覆瓦状密密麻麻叠在一根主轴之上。随着季节的变换，完全成熟的小坚果慢慢开始蓬松，忽然一阵寒风吹来，小坚果便开始御风飞翔，离开主轴，飞向远方，寻找新的地方重新安家。而掉光小坚果的外皮和主轴，就像一把木制的击剑，在蓝天之下威武地高举着。

全世界的鹅掌楸总共有三种，分别是鹅掌楸、北美鹅掌楸（*Liriodendron tulipifera*）和杂交鹅掌楸（*Liriodendron sino-americanum*），其中杂交鹅掌楸是北美鹅掌楸和中国鹅掌楸的杂交品种，三种宁波全有。5月底去美国波士顿，也看到了当地的北美鹅掌楸。回来细细比较几年来拍下的图片，发现三者的主要区别在花叶。首先说叶子，北美鹅掌楸叶子，肩膀附近裂片多一至两对，扁圆胖一些，中国鹅掌楸则顺滑一些，从肩膀到胳肢窝这里才往内收紧，杂交鹅掌楸的叶子和鹅掌楸很像，二者区别似乎不大。其次看花，花的辨识度相对来说更大一些。从色调上来说，中国鹅掌楸花朵的颜色整体偏绿，纵使到后期，也是绿中透点黄，色差不大；北美鹅掌楸花朵颜色也偏绿，但花瓣内侧靠近基部的地方，有整片的黄色色块，且花瓣顶端有点翻卷，美感稍逊；最有特色的是杂交鹅掌楸，花形偏中国鹅掌楸，碗状，但颜色整体偏黄，花瓣偏上部一点有大块金黄颜色，看起来华贵大气。

宁波鹅掌楸的最佳观赏点，排在第二位的当是江厦公园，江厦街边的行道树，一整排全是鹅掌楸，而且是上了点年头的鹅掌楸，树冠舒展，参天耸立，颇有气势。只是树太高，没有高楼可以凭眺，只能仰着头，用比较崇敬的角度拍摄。不过，对这样有历史底蕴和内涵颜值的树木，用这样的视角，却也未尝不可。

蔷薇花开殿春风

五月上旬

蔷薇科·蔷薇属

流光容易把人抛。早上送女儿上学,瞥见校园铁栅栏上满架的蔷薇花,渐渐"绿肥红瘦",之前的繁盛景象,已不复见。

立夏时节,按中国传统节气的划分,萌芽抽叶、繁花似锦的春天,正悄悄离我们而去,长果结子、满眼苍翠的夏天,已经正式到来。

虽说季节更替是自然规律,但自古不乏伤春、惜春、寻春的人。在汗牛充栋的文学长廊里,表达如此情绪的诗词比比皆是。江西诗派创始人黄庭坚,有一首《清平乐》,就是其中代表:

> 春归何处？寂寞无行路。若有人知春去处，唤取归来同住。
>
> 春无踪迹谁知？除非问取黄鹂。百啭无人能解，因风飞过蔷薇。

从这首构思巧妙、风格清新的小令可以看出，蔷薇花是代表暮春初夏时节的一个突出的文学意象。

唐朝诗人高骈有一首《山亭夏日》，我也非常喜欢，他也将蔷薇花作为初夏的代表景物：

> 绿树阴浓夏日长，楼台倒影入池塘。
> 水晶帘动微风起，满架蔷薇一院香。

最后一句，尤其精彩，看似大白话，实则意味无穷，仿佛感受到蔷薇花深深浅浅开满院篱，一阵微风吹过，香甜的气息扑鼻而来，让人心旷神怡。很多人写蔷薇花，喜欢用这句作为文章标题。

蔷薇花姿态优美，无论单朵，还是成片，都颇值得一观。它们颜色鲜艳，花量巨大，深深浅浅的红，纯净素雅的白，把栅栏、花架装饰得如霞似锦、明艳动人。蔷薇花香味特殊，远远地即可闻到它们沁人心脾的甜香。因此，蔷薇花是我国自古以来篱笆、院墙、结屏的首选之花。

每年四月中旬以后，穿行在宁波城的大街小巷，到处可以看见爬满蔷薇花的围墙、院落。蔷薇的攀援性特别强，不到几年就可以爬满长长的一排栅栏。它们也很会爬高，给它们一个凭靠，似乎可以爬上

天。因着这个特性,盛放时节,蔷薇花随着院墙无限延展,连绵不绝,像一条美丽的花龙,滚滚向前。大大小小攀上高处的花朵,宛如一道动人的花瀑,从高处倾泻而下,气势极盛。

  作为春天盛大花事的一个总结,蔷薇花是春天这首交响乐最华丽的尾声。于我而言,对蔷薇花的感情更特殊一些。女儿就出生在蔷薇花盛开的季节,我戏称她是"蔷薇花神"。她学校四周的围墙,密密挨挨地爬满了蔷薇藤。蔷薇在围栏之上花开花落三次,她也要毕业了,但愿她能够像蔷薇花一样绚丽绽放自我。

楝

风到楝花,二十四番吹遍

五月上旬

南朝宗懔《荆楚岁时说》云:"始梅花,终楝花,凡二十四番花信风[1]。"梅花飞雪迎春,大家都熟知;可楝花送春迎夏,不知道有多少人知道?楝花何以如此厉害,居然可以代表一个物候?

[1] 俗话说:"花木管时令,鸟鸣报农时。"自然界的花草树木、飞禽走兽,都按照一定的季节时令活动,其活动与气候变化息息相关。故我国古代有"花信风"的说法,自小寒至谷雨共八个节气,一百二十日,每五日为一候,计二十四候,每候对应一种花信。分别是:小寒,一候梅花、二候山茶、三候水仙;大寒,一候瑞香、二候兰花、三候山矾;立春,一候迎春、二候樱桃、三候望春;雨水,一候菜花、二候杏花、三候李花;惊蛰,一候桃花、二候棣棠、三候蔷薇;春分,一候海棠、二候梨花、三候木兰;清明,一候桐花、二候麦花、三候柳花;谷雨,一候牡丹、二候荼蘼、三候楝花。

楝科·楝属

棟是我国传统树种，黄河以南各省市区的城市乡村、山野水旁，几乎处处可见它们优雅的身影。棟不仅美观实用，而且极具文化底蕴，是一种值得大力倡导种植的树种。

棟树树干笔直，树冠优美，春夏之交，可赏繁密的紫色棟花，冬春之际，可观一串串金灿灿的可爱棟果。棟树，几乎全身都是宝，据说棟叶有驱虫避蚊的效果，棟果制成的药膏可以治头癣。

在文学史上，棟树亦有一席之地。棟树和《红楼梦》颇有渊源，曹寅、曹雪芹围绕着棟树书写了不少故事。红学大家俞平伯熟知该典故，但一直没见过棟花。"文革"时下放到河南息县，他才首次遇见，老先生很激动，写了两首《棟花》以记其事：

天气清和四月中，门前吹到棟花风。
南来初识亭亭树，淡紫英繁小叶浓。

此树婆娑近浅塘，花开花落似丁香。
绿荫庭院休回首，应许他乡胜故乡。

古人也有不少吟咏棟花的诗词。随手翻阅就找到好几首，可巧都是江西老乡写的，这说明宋明之际江西人才辈出，也显示了棟树在南方之常见，已经成为象征春夏之交物候的典型树种。

南宋四大家之一的杨万里，有一首《浅夏独行奉新县圃》，他以"南风吹紫雪"来描写棟花飘飞，极其新奇巧妙：

我来官下未多时,梅已黄深李绿肥。

只怪南风吹紫雪,不知屋角楝花飞。

北宋临川才子谢逸,写过一首《千秋岁》,描写春末夏初景色与彼时心情,意境非常美:

楝花飘砌。蔌蔌清香细。梅雨过,蘋风起。情随湘水远,梦绕吴峰翠。琴书倦,鹧鸪唤起南窗睡。

密意无人寄。幽恨凭谁洗。修竹畔,疏帘里。歌余尘拂扇,舞罢风掀袂。人散后,一钩淡月天如水。

写楝花最著名的诗篇出自王安石,他也是临川才子,唐宋八大家之一。他有一首《钟山晚步》,经常出现在中学语文练习中,诗如下:

小雨轻风落楝花,细红如雪点平沙。

槿篱竹屋江村路,时见宜城卖酒家。

这首诗读起来清新可人,乡村的恬淡景象,跃然纸上。其中"细红如雪点平沙",写出了楝花像雪片一样轻盈飘落于地的姿态和颜色,非常优美。但此处也有一点疑问:楝花明明是紫白色的,诗人为何说是"细红"呢?

在宁波城,只要留心,几乎处处可见那笼罩着一层紫雾的楝树。往年赏楝花,主要去宁波工程学院翠柏校区的大操场,跑步兼赏美

景。后来在苗圃路西头,又发现了一棵与众不同的美丽楝树。

此树特别之处有两点,一是花期早,四月下旬就已经满树繁花了,花期比其他楝树最起码提前两周左右。二是先花后叶,因无绿叶相杂,满树纯净的紫白色花朵,远远看去犹如一片紫色梦幻,还以为是岭南的蓝花楹来到了宁波。

楝花如期而至,繁盛过后便飘落如雪,让人眼花缭乱且手忙脚乱的春天,就算过去了。二十四番花信风,除了望春、荼䕷、麦花等少数几种,其他花这个春天基本都欣赏过了,便觉得美好的春光,我并没有辜负!

小蜡及其女贞属姐妹

五月中旬

木犀科·女贞属

每年春末夏初,满城都飘浮着一种香甜的气息。不用四处看,只需用鼻子闻一闻,就知道是小蜡(*Ligustrum sinense*)及其木犀科女贞属的姐妹们开花了。小蜡无疑是其中最引人瞩目的明星,洁白如雪,气味芬芳,视觉和嗅觉的冲击力都非常强,故在园林之中运用最广,造型最多,有孤植成树、修剪成球,也有作为隔离绿化带的,是当下季节怎么都绕不开的一种植物。

小蜡的这些姐妹们,常见的都有谁呢?就宁波城里的来讲,首先必须说女贞(*Ligustrum lucidum*),她是当之无愧的大姐,毕竟属名来

小蜡

自她。她是该属唯一的常绿高大乔木,一年四季,绿叶青青。因为树太高,虽也开花结果,却少有人注意。很多大家庭的老大,似乎都是如此,负责而低调,把风头都让给妹妹们了。

作为落叶小乔木或灌木的小蜡,当排二姐之位。她承上启下,属于乔木与灌木的过渡阶段。其开花最为繁盛,香味也最浓郁,浓得让人几乎无法接受,甚至有人说差点被熏倒在小蜡树下。我闻着倒还好,觉得挺香甜的,就是太阳比较猛烈的时候,有点香气如薰的感觉。

排在第三位的,我认为应是落叶灌木小叶女贞。在《中国植物志》上查得到的几姐妹,除了女贞和小蜡,就是小叶女贞了,毕竟人家进了"登科录",那可是有身份的树,排在这里,应该比较合适。

宁波街头还有两种常见的叶色亮黄的女贞属植物,一个是金森女贞(*Ligustrum japonicum* 'Howardii'),一个是金叶女贞(*Ligustrum*

× vicaryi）。这两种植物是园艺品种，在《中国植物志》里查不到，但在中国植物图像库里，是登记在册的。从她们名字中带有"金"字可知，叶色金黄是她们最大的特色。前面三种中国本土的女贞，都是绿叶子的。

金森女贞，又名哈娃蒂女贞，是一种大型常绿灌木，春季新叶鲜黄色，至冬季转为金黄色。这是一种日本女贞园艺品种，在宁波运用很广泛，很多地方都可以看到，望京路第二医院附近路段的中间隔离带就有种植，一到初夏便花开正好。

半常绿灌木金叶女贞，由加州金边女贞与欧洲女贞杂交育成。金叶女贞叶色金黄，尤其在春秋两季，色泽更加璀璨亮丽。但其在宁波运用比较少，似乎只在东港波特曼大酒店周边的绿篱看到过，它由金叶女贞和红叶石楠搭配而成，造型十分漂亮。

如何区分小蜡及其姐妹呢？这是一个大难题，也曾困扰了我许久，查了很多资料，问过很多人，但能够说全、说清楚的，实在不多。当然，除了植物痴迷者，很少会有人去深究这些问题。

女贞是大树，看植株就一目了然，可以撇开不谈。先分一分同是绿叶子的小蜡和小叶女贞。如果是小乔木，那是小蜡无疑，因为小叶女贞是灌木。如果都是灌木，则主要看花形来辨别。小蜡的雄蕊远远伸出花冠之外，花丝很长，花药粉紫色；小叶女贞的雄蕊和花冠几乎等长，花药米黄色，几乎看不到花丝。另外，小蜡叶子边缘呈波浪状，有柔毛，叶形更大一些，小叶女贞的叶子则平整、无毛，叶形更小一些。

同是黄叶子的金森女贞和金叶女贞，又该如何区别呢？我的秘诀还是看花形，花形才是辨识植物最准确的根据，叶子在不同土壤空间之下，会有形状大小的变化，而花形比较稳定，以此作为判断依据，可能更加准确一些。

金森女贞的雄蕊，和小蜡一样，长长伸出花冠之外，但花药是米黄色的，根据这一点，可以和小蜡的粉紫区别开来。金叶女贞和小叶女贞的花形几乎一样，花丝和花冠等长，花药略微伸出，像蜗牛的两个小角。再保险一点，还可以根据叶子来辨别，金森女贞的叶子厚实革质，金叶女贞的叶子薄软纸质。

最后，做一个总结。女贞是高大乔木，一般不会混淆。小蜡孤植时，是小乔木，和小叶、金森、金叶等灌木也容易区分开来。当小蜡和其他女贞都作为绿化带灌木时，深绿叶子的是小蜡和小叶女贞，亮黄叶子的是金森女贞和金叶女贞。从花形来看，小蜡和金森女贞都是花丝伸出花冠许多，但小蜡的花药是粉紫色，金森女贞是米黄色。而小叶女贞和金叶女贞的花几乎一样，花药略露出花冠。

小蜡

小叶女贞

金森女贞

金叶女贞

夏雷阵阵,
万物葱茏,
草木带来清新的亮色。

野老鹳草

自带发射器的小火箭

牻牛儿苗科·老鹳草属

2016年三月中旬，在家门口的路边花坛，我发现了第一株开花的野老鹳草。因刚刚识得此物，自然兴趣浓厚，每天上下班，总要去殷勤探望一番，观察其长势如何。不曾想，某天傍晚下班回来，发现这株野老鹳草竟枯萎了，已经丧命于绿化养护工人的除草剂。它们还没来得及完成结果繁殖的重任呢，就"中道崩殂"，实在让人感叹命运无常。

好在野老鹳草不是什么名贵孑遗植物，"此处不留爷，自有爷生处"，除不尽的野老鹳草，在宁波的城市、山野，处处可见。在宁波工程学院大操场边上，以及三天两头要去散步的

野老鹳草

Geranium carolinianum

单位附近的河边绿化带,都长有很多野老鹳草,让我有机会观察野老鹳草短暂而完整的一生。

二月底三月初,野老鹳草钻出地面,呈放射状贴地而生。叶子扇形,羽状深裂,看起来像济公和尚的那把破蒲扇,又像由三四个鹿角拼成的一个手掌。不多久,它们从地上慢慢抬起头,升高,向上长出直立枝,茎上再抽出新枝条,生长规模不断扩大。三月中旬以后,它们开始开出淡粉色的花,小巧秀气,有点小清新。但我认为,野老鹳草开花的时节,并不是它们最美丽的时候。

野老鹳草最迷人的时节,应该是其果实成熟时,这也是最能展现它独特气质的时候。五月底六月初,野老鹳草长长的蒴果,会像小火箭待发射般根根竖起,又像古时宫廷里插满蜡烛的烛台。当我蹲在操场边草丛里,给这些"小火箭"拍照时,围上来几位好奇的健步老太,她们说"阿拉宁波人叫它蜡烛草",这个称呼倒也形象。

野老鹳草五颗毛茸茸、黑乎乎的果实,密密挨挨地藏在"小火箭"基部,让人想起北京人的木炭火锅。五个宿存萼片已变得通红,似乎周边的叶子、叶托也变黄染红,满枝皆有斑斓之秋色。当受到外力撞击或者风力吹动时,"小火箭"连着果实的外皮,会突然向上卷起,将一粒粒种子像流星锤一样甩出去,实现种子向远处传播的目标。种子尽量离父株母株远一点,是为了防止日后和父母争夺生长资源,这是一种很神奇的植物智慧。

关于野老鹳草名称的由来,有两种说法:一种说法有关药王孙思邈。传说孙思邈在四川峨眉山为一位病人治风湿病,试过很多草药,但一直治不好。某天采药路上,看到一只老鹳正在啄食一种小草,孙药王想到老鹳生在水湿之处而不受风湿之苦,这草或许正好对症。于是采而用之,结果疗效奇好。该草无名,遂以老鹳名之。另一种说法认为,老鹳草象形而名,来自其长而尖的蒴果形状,很像老鹳的长嘴。

我喜欢药王孙思邈的传说,但我又相信名字来自象形。

金樱子

山间诱人的糖罐子

蔷薇科·蔷薇属

时序进入六月,百花争先恐后登场,令人眼花缭乱的春天,终于渐行渐远,"绿叶成阴子满枝"的夏天,正逐渐到来。这个时节进山,虽新绿满眼,万山苍翠,但开花植物仍旧不少。洁白素雅、繁花似雪的金樱子,就是其中之一。

在江南山野,金樱子颇为常见。这个季节随意去山里走走,很容易就能遇见它们。其花朵洁白硕大,芬芳宜人,且花量巨大,盛放之时,极具气势。或从高高低低的树顶上垂下来,好似绿叶之间冲下来一条喷雪溅沫的白色花瀑;或铺满一大片绿色的灌木丛之顶,犹如一大群白色蝴蝶翩翩飞舞于风中,真是美得不可方物。

野外遇到金樱子,如何辨识呢?在我看来,方法颇为简单,既不必看小叶数量,也不必看叶托形状,直接根据花朵就可以轻松识别。

首先,金樱子花单生叶腋,一柄一花。其他蔷薇虽也有单生,但一般花有三五朵甚至十几朵。其次,金樱子花朵巨大,直径可达七厘米,蔷薇之中无有过之者。在野外,我们只要伸出手掌比一比,如果发现花朵有巴掌面(不含手指头)那么大的,通常就是金樱子。三是看花柄萼筒上是否有细刺。金樱子从含苞到花朵盛放,再到"小糖罐"长成,其花柄及萼筒之上,始终密密麻麻长满了细刺。金樱子的一个别名就是"刺梨",即带刺的梨子。野外看到类似开白花的植物时,不妨翻开它们的花瓣,看看下面是否有刺,即可判断。

关于金樱子名字的来源,李时珍在《本草纲目》中解释:"金樱当作金罂,谓其子形如黄罂也。"而"罂"在字典里的含义,就是大腹小口的瓶子。本来很好理解的"金罂",后来以讹传讹,变成了"金樱",名字虽然看起来挺美,意思反倒难以理解了。

在老家,我们称金樱子为"糖罐子",顾名思义,就是果实味道不错。可是要将其送入口中,还是颇为不易的。金樱子的枝条上都是刺,攀援得又高,有时候够不着,有时稍不小心就会被扎几下。"小糖罐"外面又密布着一层细刺,罐子里满满都是籽,吃的时候容易硌着牙,它们的顶端,还有长而外翻的宿存萼片。也就是说,费了好大功夫,也只能吃那一点点花托发育而成的薄薄的假果皮。如果不是实在没东西吃,我们才懒得去动它们呢。

但是,实在忍不住想吃,怎么办呢?我们会想方设法摘下一把金樱子,扔在草地上,用鞋底轻轻地揉搓,直到把外面那一层刺都搓掉,再拿到山溪里洗一洗,就可以放到嘴里大嚼了。实在找不到水源,也难不倒我们,在衣服上擦干净,一样可以享受这美味。

好多年没有吃过"糖罐子"了,非常想念这儿时的味道。今年已经侦察好了三五处长有大片金樱子的地方,希望秋天到来的时候,能有机会回味一下童年的滋味。

合欢

自在飞花轻似梦

豆科·合欢属

有些植物，哪怕只是根据名字简单想象一下，就已觉非常美好，如果再看见它们非凡的花叶，就更加怡然了。含笑、玉兰、蔷薇、水仙，皆为此类，合欢亦然。合欢，合家欢乐，多么吉祥的寓意，多么美好的祝福，再欣赏一下它们奇特的花、碧绿的叶、舒展的形，就更加喜欢了。

宁波老小区汪弄，有六十多棵合欢树，尤以筱墙巷两边为多。早锻炼时，经常要从这些树下经过，总是在不知不觉之间，光秃秃的树干就已碧叶满树、枝叶扶疏了。端午前后，再次经过，一股甜香扑鼻而来，抬头一看，原来又是一年合欢花开了！

合欢花开,美丽异常。远远望去,好似一片片云霞落在绿叶之间,又好像一大群粉蝶在树上翩翩起舞。仔细观察一朵合欢花,但见一个个管状的花萼里,长出一束束纤细轻盈的花丝,颜色下白上粉。十多束小花丝呈放射状组成一个小扇面,既像公子束冠的簪缨,又像一朵朵粉色的绒花。这奇特的造型,不禁使人惊叹造物主居然把合欢花打造得如此精巧细致!

合欢之名,源于其叶。《本草纲目》引用鄞县人陈藏器的观点:"其叶至暮即合,故云合昏。"故合欢又有"夜合"之名。清代才子李渔在《闲情偶寄》里也提到:"此树朝开暮合,每至黄昏,枝叶互相交结,是名合欢。"他认为合欢象征夫妻和谐,最好种在卧室边上的院落里。他还煞有介事地说,想要此花开得艳,不用施肥,只需用夫妻共浴的洗澡水浇灌就可以了。

查《本草纲目》,有两段引述挺有意思。一是嵇康《养生论》云:"合欢蠲忿,萱草忘忧。"二是崔豹《古今注》云:"欲蠲人之忿,则赠以青裳。青裳,合欢也。植之庭除,使人不忿。"嵇康和崔豹都提到了,合欢可以让人除去愤恨。但原因呢?他们言之不详。难道仅仅是合欢花好看,名字好听,就让人蠲忿了?这不免有些牵强。

翻阅诸书,查找其他原因。《神农本草经》提到合欢树皮之功效:"安五脏,和心志,令人欢乐无忧。久服轻身,明目,得所欲。"这是从树皮的功效上来说的。熟悉《红楼梦》的朋友,或许还记得这一回:林潇湘魁夺菊花诗,薛蘅芜讽和螃蟹咏。史湘云请大家吃大闸蟹,林黛玉只吃了一点儿螃蟹肉,便觉得心口微微地疼。宝玉忙令人将那合欢花浸的酒烫一壶来。黛玉喝了一口便放下了,宝钗过来也饮了一杯。

合欢花酒有什么功效呢？纪录片《探秘红楼美食》中剖析过黛玉喝合欢酒的情节，认为合欢花本身有非常好的活血、理气、止痛的功效，对于情绪不良或者寒凉引起的胸闷胸痛，有非常好的治疗效果。另外合欢花还有安神助眠的功效，用来治疗黛玉的失眠症也是非常适合的。

因了合欢酒，黛玉对合欢树非常熟悉。在凹晶馆联诗过程中，黛玉出了一句"阶露团朝菌"，湘云对了一句"庭烟敛夕棔"。黛玉听了，不禁也起身叫妙，说："这促狭鬼，果然留下好的。这会子才说'棔'字，亏你想得出。"湘云说，自己不知这是何树，还好宝姐姐博学多才，告知她就是明开夜合的树，也即是合欢树。这两句连在一起的意思就是："露湿台阶时，朝菌已团生；烟笼庭院中，夕棔已敛合。"意境和字句，对仗十分工整，令人钦佩。

初夏时节，合欢正当令，繁花满树，待微风吹过，或暴雨初歇，总能看到落花遍地，或缀满车身。对合欢酒感兴趣的朋友，可以挑些干净的花泡酒去。至于方法，一可以查《本草纲目》"合欢"条，专门有夜合枝酒的制作方法；二可以搜索《探秘红楼美食》的视频依样画葫芦。哪位朋友合欢酒泡好之后，记得请我喝一杯，以酬我写作之辛劳哈。

绶草

让人欢喜让人忧的兰科小精灵

孔子云:"芝兰生于幽谷,不以无人而不芳。君子修道立德,不以穷困而变节。"

有"君子之花"美誉的野生兰花,因为幽居空谷,再加上近年来的疯狂盗挖,似乎离我们很遥远了。但有一种美丽且亲民的"草根"兰花,就在我们身边,它就是同样珍稀的陆生兰——绶草。如果有缘,无须跋山涉水,远赴他乡,或许在城市的草坪里,就能遇见它们。

绶草的花朵,小巧精致,花瓣晶莹剔透,花冠白中带紫,一朵朵小花,旋梯一般缠绕而上,植株犹如身披绶带,故名"绶草"。又因其花朵紧贴茎秆盘旋而生,好似华表上的绕柱蟠龙,

兰科·绶草属

故又被称为"盘龙参"。绥草和其他两种兰科植物美冠兰、线柱兰一起,被草木之友们亲切地称为"草坪三宝"。美冠兰、线柱兰,至今没亲眼见过,而绥草不但见了,而且还引发了很多让人欢喜让人忧的故事。

5月28日,宁波网友"太阳花开"在拈花惹草部落晒出图片,说在海曙某地发现绥草。闻之欣喜若狂,立马赶去寻访,找到两株绥草,围着它们拍了两个小时。当天下午,又有网友"方竹"在群里说,在东门口也发现了绥草,而且不止一株。

第二天,循着"方竹"提供的线索去探访,结果让人大吃一惊。某地草坪上,绥草居然如雨后春笋一般,随处可见,粗略估计,超过100株。那时候的我,就好似一只饿了好久的兔子,忽然发现遍地都是胡萝卜,瞬间惊呆,只感觉幸福来得太突然。跟着孙小美、大山雀等博物达人,趴在草地上拍了一下午。

当天晚上,"甬派"上发布了一条消息:宁波发现国家重点保护野生植物——绥草,《诗经》里传唱了数千年。6月1日,《宁波晚报》几乎用了一个版的篇幅,报道了千株野生"兰花草"在市区某公园冒出的新闻。园林专家也表示惊呆,初步定下保护措施。6月3日,宁波电视台的《来发讲啥西》栏目也播出了这条消息。一夜之间,宁波大面积发现绥草的消息,传遍甬城内外。

周六上午,特地赶去某公园一睹盛景。到了目的地,但见绥草如林玉立,高高低低,疏密有致,花花绿绿,布满了好几块草坪,景象十分壮观。周日早晨,阳光正好,又去补拍了一些图片。从28日的两株,到29日的数百株,到6月1日的上千株,短短几天时间里,绥草好像一夜之间在宁波爆发,就连林海伦老师也连说"难得难得"。

綬
草

Spiranthes sinensis

为什么以前没听说过宁波有绶草？林海伦老师认为，可能这些草坪里本来就有绶草种子，但因兰花种子的萌发，需要光照、温度、湿度、共生菌等多项条件配合，而当年恰好条件具备了，得以萌发成苗。

而我还有一个猜测，不是以前没有绶草，而是没有注意到绶草。去年的集中爆发，估计和移动互联网的传播力量有关。绶草遍布全国，自南向北依次开花，先是华南，接着是上海、苏州，甚至远至东北的群友，都在植物群、博物群里晒出了绶草图片，让宁波群友艳羡不已。这让很多人开始到处刷草坪，期望能够邂逅美好。于是各处绶草相继被发现，而甬派、《宁波晚报》的两位记者恰好都在植物群内，新媒体加传统媒体的持续发酵，引发了绶草在人们"眼中"的爆发。

但又听到一个令人痛心的消息，说那有千株绶草的地方，已出现盗挖现象。正如我预料的，媒体的报道，也许能让那些绶草摆脱被割草机"中道崩殂"的命运，但也让一些图谋不轨的人有了可乘之机。对于珍稀植物的报道，真是一件十分难把握的事情，隐去具体地理方位，还是十分必要的。

对于这样一种美丽的濒危植物，加强保护是非常紧迫的事。希望园林部门加强巡查力度，直到这些绶草走完开花结果，成千上万颗的种子飘落各地，圆满完成繁殖的重任。最可恨的就是盗挖，植株被割草机割断，只要根还在，来年还能再发，但是根被挖坏了，就彻底被毁了。兰科植物对生存条件要求很高，离开生境很难养活，那些盗挖的人，真是白白地毁了它们。

对于各种美丽的植物，我们只要欣赏和拍摄，不去摘折和挖掘，除了美丽的图像和美好的记忆，我们什么都不要带走。希望明年，乃至以后许多年，咱们一直可以看到这些可爱的小精灵在春风吹又生时，美丽遍甬城！

绣球

盛时花万重

六月上旬

万物有灵且美好,在绣球身上,体现得最为明显。我的植物写作启蒙老师笠翁先生李渔曾有一个判语:"天工之巧,至开绣球一花而止矣。"说得非常到位!纵人类所有想象,又怎么能够想到,一朵花能开得如此硕大,如此繁复,而且如此细巧精致,如此多彩多姿。

当然,必须说明的是,李渔先生所论绣球,是木绣球(《中国植物志》中为绣球荚蒾,但我喜欢木绣球这个别名,觉得更准确形象),忍冬科荚蒾属,古时候称为雪团,或者粉团。而本篇所记之绣球,却是虎耳草科绣球属植物。两者不同科不同属,但花朵形状却惊人相似。

虎耳草科·绣球属

因名字和花形近似，不注意的人，常常将二者混淆。有的估计还会犯嘀咕，春天里已赏过绣球花，怎么夏天里又处处看到绣球花呢？难道造物者自己对绣球这一作品非常满意，让它春天开一次，盛夏时节再开一次？其实仔细观察就会发现，忍冬科木绣球和虎耳草科绣球的差别还是很大的。

忍冬科木绣球，以小乔木居多，灌木稀见，好几人高的都有。花期在三四月份，春天应时而开，先绿后白，直至洁白如雪，好似大雪压枝，经冬未消。古代好多大诗人吟咏的，都是这种绣球。比如宋朝诗人顾逢有一首《玉绣球花》："正是红稀绿暗时，花如圆玉莹无疵。何人团雪高抛去，冻在枝头春不知。"比喻巧妙，联想新奇。

虎耳草科绣球，丛生灌木，半人高的样子。冬天枯萎，来年春天再发，花期在六七月份的梅雨季节。含苞和初开时为绿色，随着花朵渐渐展开，颜色开始变化，有红色，有粉色，有蓝色，还有渐变色，不同花朵颜色之丰富多彩，令人惊叹。据说绣球的颜色变化和土壤酸度有关，但令人费解的是，为何一株绣球在同样的土壤里，会开出不同颜色的花朵呢？

区别这两种绣球，综合起来，只需三招。一看植株形状。树形的，木绣球；丛生灌木，绣球。二看花期。春天开，木绣球；夏天开，绣球。三看颜色。白色，木绣球；彩色，绣球。

绣球是全球园艺师钟爱的植物。日本人尤其喜欢，呼为紫阳花，很多动画片里可以看到绣球的形象，记得《千与千寻》里就有类似镜头。赏绣球花之地点，以镰仓最为著名，每年这个时节，有无数游人前去赏玩。上月底刚刚去过美国旧金山，有一条花街，顺着坡往上走，

最上面也种植着一大片绣球花,只是花朵开得不是特别水灵。

绣球花在宁波也很常见,每年梅雨季节,正是绣球花盛放的时节,甬城处处皆可看见绣球花的美丽身影。它们姹紫嫣红,花团锦簇,如梦似幻,或植于树下,或栽在山石边上,或种在小径两边,或丛植,或作为盆景放在自家窗台,都是极为美丽的。

我们小区北门附近的花坛里,也有几丛绣球花,边上还配有月季、朱顶红等花卉,估计是某位邻居自己种在花坛里的。前几年,这些花卉长势很好,每次进出北门,我总要在这些花边驻足,蹲下来欣赏、拍照。但是今年,这些绣球的叶子却有点枯黄,花开得也挺稀疏,也许是那位邻居搬走了,或者他遇到了什么事情,花也没人看顾了。我为这些绣球的命运感到担心,同时,也祝愿那位邻居好运。

樟

无边落叶漫天舞

樟科·樟属

六月中旬

树木代表一个城市的灵魂和品格。有些树种,几乎成了城市的代名词。走在南京、上海的法国梧桐树下,民国气息扑面而来。有些城市甚至用植物名作为城市的简称,比如福州被称为榕城,成都被称为蓉城,而广西桂林、江西樟树则干脆就用树名当作城市的名号了。

作为宁波市树的香樟树,无论长在水边,植于庭院,还是立于路边,皆冠盖舒展,树形优美。"成年"的樟树,主干纵纹深裂,古朴苍劲。每次走在天一阁附近的长春路上,看着这些树干粗壮遒劲、枝繁叶茂相交于空中的樟树,历史的厚重感油然而生。樟树浑身都是宝,不仅是优质珍贵的材用树种,还是制取芳香油料的原材料。其作为市树,拥有着宁波这个文化底蕴深厚、人民低调务实、胸怀开阔大气的城市的品格。

香樟树是宁波城市行道树的主力树种,一般的公园里,以及如汪弄、白鹤等老小区,还有很多名胜风景区,到处可以看到香樟树高大伟岸的身影。

在我国,樟树主要分布在包括宁波在内的长江流域及以南地区。樟树和银杏一样,属于长寿树种,很多地方都有。不少村庄还形成了古树群落,成了村落的记忆、乡愁的代表。在我的家乡新干一个被称为"千里赣江第一洲"的莒洲岛上,据说有16棵千年以上的樟树,它们看惯了岁月变迁、人世沉浮,成了活的历史见证者。

一般的树木,遵循着春生夏长、秋收冬藏的自然规律,长叶的时候就长叶,开花的时候就开花,落叶的时候就落叶,结果的时候就结果,一般一个季节就做一件事。最多花叶同生,或者花果同结,很少有把所有事情都弄在一起做的。而樟树就很特别,它们的生物节奏与众不同。

樟树很有"大哥范"。在"无边落木萧萧下"的肃杀季节里,它会用满树不变的绿色,给人们带来生机和希望。而季节变换,大地春回,当几乎所有植物都争先恐后抽枝发芽、开花长叶的时候,樟树才开始从容安排自己的事情!

其实,常绿树种也是要落叶的,只是有些悄悄进行,几乎感觉不到换了叶子。而有些则大张旗鼓,用落叶漫天飞舞来告诉世界它们正在做的事情。桂树属于前者,而樟树属于后者。初夏时节,樟树也在

长新叶,也在抽嫩芽。新叶有红、有青,逆光拍摄,通体透亮,美不胜收。长叶的同时,也在开花,花虽然小到没人注意,但细细看来,还是比较清雅的。

这时候,樟树的老叶还会变红,变黄,变褐,甚至变成各种难以名状的颜色。当斜风大雨扑面而来的时候,樟树就开始"无边落木萧萧下"了,一时间,满地黄叶堆积,好像秋日重回。我们一家子最喜欢做的事情之一,就是在落叶之中寻找最美的樟叶。于是,你会发现,哲人所谓"世界上没有两片相同叶子"的话,是如此深刻。哪怕同一棵樟树上,叶形之千姿百态,足以让人称奇,植物志关于樟叶"卵状椭圆形"之描述,根本没法涵盖樟叶的各种形状。初夏之中有秋色,新陈之中又有代谢,居然呈现出四季同在的奇观,不得不佩服造物主之神奇!

含笑花

只有此花偷不得

木兰科·含笑属

对含笑花,一直存有好感。原因有三:一在名,二在形,三在香。

给植物命名,是一门艺术。名字取得好,不但可以尽显草木之神韵,而且书写在纸上,朗诵在口中,本身就是赏心乐事一件。比如合欢、琼花、玉兰、紫薇等,不用看植物本身,光看看文字,就能想象它们的美好。含笑花亦然。

高中时代,第一次在某本书中读到"含笑"这个花名,就想,这是一种什么样的植物,居然当得起这么美好的两个字。这种植物,一定十分恬静洒脱、自在欢喜,一定有极尽绚烂之后的平淡,有历尽沧桑之后的超然,更有大彻大

悟之后的平凡。

后来,在宁波真正认识含笑,才真心佩服古人取名之精当。不是吗?一年四季,含笑总是苍翠碧绿,看叶子有点像茶花,却没有茶花叶之艳丽,有点像桂叶,但没有桂花之芳香。就这么默默无闻地装点着庭院、花坛,人们不知道它们到底是谁,甚至根本就不会注意它们。等到花苞长成,毛茸茸、圆鼓鼓的,一点没有木兰科玉兰、白兰、广玉兰、深山含笑等"堂兄弟姐妹"们那么优美、挺拔、张扬,而是平凡、低调、含蓄。

只有等它们褪去毛茸茸的外衣,露出白玉般富于质感的花瓣,以及犹如含苞荷花、将放玉兰一般的

含笑花

Michelia figo

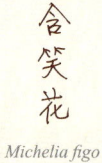

可人身姿，才会吸引人们的注意。更让人惊叹的，是它们花瓣上沿的那一抹紫色，恍若美人的樱桃小嘴，就这样含笑于绿叶之间。我甚至猜想，古人取名的时候，是不是碰巧边上就有这样一位含着浅浅笑容的美丽女子，便即景生情用作这种植物的名字了？

含笑最让人喜欢和难忘的，是它们的香味。大多人认为这像是成熟香蕉的味道，故含笑花又名香蕉花。但我细嗅起来，似乎有点香瓜的甜味，好像又有点苹果散发的果香，更像是一种混合着几种水果的香甜气息。每次经过含笑树边，那种沁人心脾的味道，总让人为之着迷，似乎嗅多久都不嫌够。

古代不少诗人对含笑有过题咏，有的从含笑半开这一特点做文章，如宋邓润甫就有佳句："自有嫣然态，风前欲笑人。涓涓朝露泣，盎盎夜生春"。有的则从它们独特气味来描述，其中最妙的一首就是杨万里的《二含笑俱作秋花》："秋来二笑再芬芳，紫笑何如白笑强。只有此花偷不得，无人知处忽然香"，尤其最后两句，令人拍案叫绝！

端午小长假最后一天下午，去月湖公园探访琼花，却意外发现含笑花开得正好，让人喜不自胜！

蓍

上古神草,就在咱们身边

六月中旬

《中庸》云:"国家将兴,必有祯祥;国家将亡,必有妖孽。见乎蓍龟,动乎四体。"蓍和龟,是中国古代非常神奇的宝物。据说通过它们,能够洞悉天机,预知国之大事。

龟甲一般人都比较熟悉,中国文字的源头可上溯至殷商甲骨。先民们通过龟甲上烧出来的纹路和走向,来预测吉凶祸福。对于蓍草,估计很多人和我一样,满脑子的问号:它是一种什么样的草?这种上古神草现今还存在吗?

爬梳文献资料,传说蓍草只存在于河南汤阴羑里城,此地为殷商监狱,当年周文王被关

菊科·蓍属

在这里,他就用这里长出来的蓍草推演八卦,筹划未来。

又有资料称,中国只有三处地方长有蓍草:山东曲阜、山西晋祠和河南淮阳。曲阜孔墓所产蒿子草,被称为"圣墓蓍草"。孔子晚年整理过《周易》,故"圣墓蓍草"为理想的筮占工具。山西晋祠为何产蓍草?没找到资料介绍。晋祠为纪念周武王之子叔虞而建,唐叔虞也是圣人,故有此说。其中最有名的当属河南淮阳,此处有太昊陵,即"三皇之首"太昊伏羲氏的陵庙。据《淮阳县志》记载:"太昊陵后有蓍草园,墙高九尺,方广八十步。"故"蓍草春荣"已成为淮阳八景之一。查景区官方网站,一段关于蓍草的介绍非常好,摘录于此:

蓍草,多年生直立草本,稀有植物。茎圆象天,德圆而神,蓍千岁而三百茎,知吉凶。六千多年前,太昊伏羲氏都宛丘,仰观于天,俯察于地,远取诸物,近取诸身,中观万物,揲蓍画卦,故此草被称颂"神蓍""灵物"。历代帝王遣官祭祀,均以其当作回京复命的信物。清代贡生钱廷文《蓍草赋》说:"太昊伏羲氏陵,蓍草周阿而生,圣神之域,灵物斯荣。"

因此,我一直认为蓍草只记载于古书之中,存在于想象之中。

那天,在望京路西门口附近公交站花坛拍到一种开白花的草本植物,问专家是什么。答案让我大吃一惊:居然就是蓍草。

其实,作为菊科蓍属多年生草本植物的蓍草,在国内外园艺中已普遍运用。而我,今年才第一次注意到它。蓍草确实有灵气。细看一朵小花,典型的菊科花朵,五片舌状的不孕花瓣分布四周,管状的可

孕花密密挨挨长在中间,许许多多洁白的花朵,组成复伞房花序,仿若一片片洁白的云朵。叶子细细碎碎、羽状深裂,有点像宁波人餐桌上的凉拌海草。蓍草茎秆修长,亭亭玉立,整体看来,清雅秀气。

古人是如何用蓍草来占卜问筮的呢?难道是烧蓍草,看烟的形状、去向?非也。占卜算卦,只是用蓍草的茎秆而已。李时珍在《本草纲目》之中写得很明白:

> 蓍乃蒿属,神草也。故《易》曰:蓍之德,圆而神。天子蓍长九尺,诸侯七尺,大夫五尺,士三尺。张华《博物志》言:以末大于本者为主,

次蒿，次荆，皆以月望浴之。然则无蓍揲卦，亦可以荆、蒿代之矣。

此处的蓍草，已经走下神坛，和小学时用的计数棒没有两样。蓍没有，用蒿，用荆，都可以替代。

蓍草之所以被选作占卜圣物，除了前面讲到的与圣人之间的传说，主要是因为它和龟一样长寿，有百年之蓍，甚至有千年之蓍之说。《说文解字》说：蓍从"耆"。六十曰耆，七十曰老，耆老也者，历年多，更事久，事能尽知。当然这些都是美好的传说和愿望而已。很难相信，仅仅通过这样几根小木棒的推演占算，就能预知国家、社会和个人的命运。还是白居易《放言五首（之三）》写得好：

赠君一法决狐疑，不用钻龟与祝蓍。
试玉要烧三日满，辨材须待七年期。
周公恐惧流言日，王莽谦恭未篡时。
向使当初身便死，一生真伪复谁知？

太阳底下，没有新鲜事。让时间和历史，去判断一切吧。

溲疏

秀外慧中白衣仙

虎耳草科·溲疏属

当鲜艳明媚的蔷薇花开罢,花气袭人的小蜡花凋落,闹盈盈乱哄哄生机勃勃的多彩春天,终于完全谢幕了。时序正式进入初夏,满眼望去,到处绿树浓荫,苍翠欲滴,清新养眼。当然,开花的植物,也还是有的。但就花朵颜色来讲,相对素雅了不少,溲疏即是如此。

"溲疏"这个植物名,看着熟悉,但从自己口里念出来,总有点别扭,念了七八遍才算顺口。至于溲疏之名何意,暂且埋个伏笔。

一日傍晚,在解放桥槐树路边,偶遇宁波比较少见的雪球冰生溲疏,一片冰清玉洁之相,颇有仙气!可惜没带相机,黄昏时光线又

不佳，手机拍的图片质量不尽如人意，后来再去，花已开完。和义大道钱业会馆近旁的花境里，配有几株白溲疏，单瓣的、重瓣的都有，四月末的一天去拍松红梅时就开放了，但只是点缀在其他绿植之间，不成规模。

6月14日午后，阳光正好。送完女儿上辅导班，从天一家园环城西路口子出来，骑车前往中山西路。一路风光不错，高大的水杉一身绿装，卫兵似的列队在道旁，黄栌正开着梦幻般的花朵。忽然，目光被围墙下一大片洁白的花朵吸引，一团团，一簇簇，高高低低错落有致，像花瀑一样从绿色的柔枝上倾泻下来。是什么花呢？难道是前两天有人在部落发过的木香？

近旁细看，原来是重瓣溲疏！从来没看到过长得如此壮硕繁密的溲疏，也没有料到溲疏花开的气势，和有"花墙"之称的蔷薇花比起来，居然毫不逊色。这些溲疏共有三四丛，枝条很粗壮，看得出来有些年头了，长得枝繁叶茂、连绵相接。据说溲疏枝条空心，故有"空疏""空木"等别名。我只摄不折，故无从知晓。那天相遇，正是它们花开最美的时节，巧的是，还正好带着相机。所谓"念念不忘，必有回响"，想必就是如此吧！

那么，溲疏究竟是什么意思呢？查汉语字典，"溲"，特指排泄小便，"疏"，指清除阻塞使通畅。《本草纲目》对于溲疏功效的描述是："皮肤中热，除邪气，止遗溺，利水道。"想来溲疏之名，是来源于其药效的。

溲疏的分类极其复杂，在《中国植物志》(网络版)输入"溲疏"，都查不到该条目，必须加一个具体定语才会跳出来，大致数一数，多

达五十几种。一个个念过来,居然还有宁波溲疏、浙江溲疏,说明宁波也贡献过标本。就是不知道宁波溲疏长啥样,不知道宁波园林有没有配置。在古代,本草学家们对溲疏也莫衷一是,最厉害的李时珍,在列举了好多种说法后,最后也只是来了一句:"汪机所断似矣,而自亦不能的指为何物也。"

溲疏,既美丽圣洁,又功效巨大,倒还真符合仙女秀外慧中的特质呢!

佛甲草

沧桑往事之中的一抹清新

景天科·景天属

　　佛甲草，是一种很可爱的景天科植物。老茎微红，新叶碧绿。茎和叶，皆圆滚滚、肉乎乎、水嫩嫩，让人看见就想摸一摸、掐一掐、揉一揉。

　　它们似乎和历史结缘，与沧桑同在，总喜欢长在有点底蕴和积淀的地方。我在甬城的三个地方拍到过它们小巧玲珑的身影。

　　初见，是在 4 月 30 日清晨。那天天气晴好，一片阳光从东边斜射过来，正好打在西河街边一车棚顶的佛甲草上。光影里的那片佛甲草，变得晶莹剔透，好似翡翠美玉，十分惊艳。

佛甲草

佛甲草

佛甲草

5月21日,陪堂妹老芳去逛天童寺,佛殿规模恢宏,依山势而建,愈上愈高。不经意回望,发现那古老的屋檐上,粼粼的瓦片间,竟然也长着好多佛甲草,黄花正好,郁郁葱葱,禅意盎然。

5月29日,去东门口附近草坪寻找珍稀兰科植物绶草,路过最具老宁波味道的永寿街区。抬望眼,便发现,路边很多老宅子的屋顶墙头,也长有成片的佛甲草。看着这些生机盎然的青翠小草,再看看那些斑驳的白墙,颇具古风的屋檐,总有一种恍惚之感,历史与现实,厚重与轻盈,那是怎样一种鲜明的对比?

和佛甲草比较容易混淆的,是同科同属的垂盆草(Sedum sarmentosum)。它们长相类似,花也差不多,有时候挺难分清。据我观察,它们最大的区别在于叶子,佛甲草的叶子是圆线形的,像变胖了的松针;垂盆草的叶子是倒披针形的,像变胖了的柳叶,一圆一

垂盆草

垂盆草

扁,区别明显。另外,佛甲草多为直立,亭亭玉立,而垂盆草匍匐生长,时间一久,便纵横交错,连片成势。

佛甲草对环境的适应性极强。其叶、茎表皮的角质层,具有超常的防止水分蒸发的功能,即使在夏季干旱的屋顶上,也无需浇水,据说耐旱时间可长达一个月。它们不择土壤,只需屋檐瓦片之间岁月积累的一层薄薄的尘土,就能顽强地生长。因着这个特性,不少人喜欢用佛甲草作为墙头屋顶的绿化植物,来防暑降温,效果很好。

作为一种植物,"颜值"不错,要求不高,养护不难,如此德行圆满,能不讨人喜欢吗?

枫杨

换它做市树又何如？

枫杨，是宁波很常见的一种大树，树干纵裂，苍劲挺拔，树冠舒展，树形优美，果形奇特。这也是我最喜欢的大树之一。

枫杨有很多外号，如麻柳树、水麻柳、枫柳、蜈蚣柳、平杨柳等。不知是否因为枫杨多长在水边，一挂挂翅果很像下垂的柳枝，故被称为"柳"。还有不少地方叫它燕子树、元宝树、馄饨树。单个的枫杨果实，确实既像一只只展翅欲飞的小燕子，又像一串串绿色的小元宝、小馄饨垂挂在绿叶之间。从这些别号可以看出，串串垂挂的翅果，无疑是辨识枫杨最显著的特征。

胡桃科・枫杨属

不少朋友和我一样喜欢枫杨。从事园林设计的志诚兄曾经很郑重地说，如果要在宁波找一种代替香樟成为市树的树种，他首先推荐枫杨。

我问原因，志诚说，从外形上看，枫杨和香樟不相上下。更主要的是枫杨的广泛适应性，尤其是它逐水而居的特性，与宁波人的内在精神有异曲同工之妙。枫杨是河漂植物，串串种子成熟之后，掉到河里，顺流而漂，碰到合适的生长条件，就在岸边着陆生长。没过几年，水岸边就不知不觉多出一片枫杨林了。在宁波的山野、河边行走，经常可以看见这样一小片一小片的枫杨树夹岸生长着，有的甚至就扎根在溪流中间的石缝之间或高地之上。

枫杨树不仅在水岸边长势喜人，在陆地上同样生长良好。有资料介绍枫杨"喜光性树种，不耐庇荫，但耐水湿、耐寒、耐旱"，真是一种不挑不拣、随遇而安的好树种。只要有阳光，不论陆上水边，都能茁壮成长。宁波工程学院的大操场上，除了西北角种着几棵楝树，其他三个角落都生长着高大挺拔、枝繁叶茂的枫杨树。烈日骄阳下，大半个操场都靠枫杨和那一排珊瑚树挡阴遮阳。我们受惠于植物良多，此又是一例。

有句俗话："无绍不成衙，无宁不成市，无湘不成军，无徽不成镇。"其中"无宁不成市"就是指宁波商人踏遍千山万水，生意做到全世界。宁波人具有大海一般的性格，包容、坚韧、诚信、变通、广大，各行各业有大成就的人很多。王阳明、黄宗羲这样的文化巨人自不必说。"宁波帮"作为一个商帮传奇，在上海金融界和香港航运界、影视界等出了很多巨子。两相对照，用枫杨树比喻宁波人，倒也十分贴切。

所以，关于志诚兄选枫杨为市树候选树的观点，我是非常赞同的。

在宁波，枫杨树随处可见，山野自不必说，城市里也有很多，而且不乏古树巨木。天一阁门口，就有十多棵合抱粗的枫杨，静静地看着南国书城演绎着历史传奇。箕漕街凯利大酒店门口，一株大枫杨独木成林顶天立地，看着车来车往、人世变迁。琴桥西大沙泥街路口，也有一棵同样古老沧桑的枫杨，每天看着三江口潮起潮落，城市巨变。

枫杨，实在是一种有故事有内涵的树种。无论是作为行道树，还是运用于园林，都是十分妥帖的。

栀子

六出吐奇葩,风清香自远

栀子花开啊开,栀子花开啊开
像晶莹的浪花,盛开在我的心海
栀子花开啊开,栀子花开啊开
是淡淡的青春,纯纯的爱
……

很多人可能就因为这首《栀子花开》,熟悉并喜欢上了栀子花。但对于自幼长于江南的我来说,栀子花是童年的快乐记忆,更是青春的某个甜蜜片段。

在家乡新干的山间路边,常见栀子花开。儿时的我们喜欢栀子花,既不是因为其花洁白

茜草科·栀子属

如玉可赏,也不是因为其香沁人心脾,孩子们并不关心这些,唯一关心的是能不能吃、好不好吃。

夏日清晨,放牛入山,让它们在山坡吃草,我们则像小蜜蜂一样,去找我们的吃食。只要看到那高脚碟一样的栀子花,我们就会连萼带花摘下一朵,一手揪住白色的花管,一手抓住绿色的花萼,轻轻一扯,花、萼分离,然后将花管筒放进嘴里,深深一吸,几滴琼浆玉露便滑入嘴中。那香甜的味道,霎时传遍每一个毛孔,让人浑身舒坦。一朵吸完便下一朵,如是再三,吃得完全停不下来。在那尚无多少野果的夏日山间,吸栀子花蜜便是我们最喜欢的事情了。

在敝乡,栀子花还是一道不错的野菜。采来新鲜的栀子花,摘去味道很苦的花蕊,将花瓣在清水中洗净,再用开水汆一下,即可做菜了。或炒韭菜,或炒鸡蛋,或清炒,虽口感有点糙,但味道不错,常吃可清热下火,美容养颜。每年栀子花季,乡人们便会上山采摘,或采了自己吃,或多采一些,拿到县城菜场售卖,也算补贴家用。

大学毕业后,我独自一人来到宁波,女朋友则在千里之外的老家工作。一种相思,两处闲愁。第二年夏天,女朋友要来宁波看我,我赶紧洒扫庭除,整理房间,把那间单身宿舍收拾得干干净净。环顾四周,感觉还缺点什么。站在阳台上,忽然远远瞥见单位大院的花坛里,栀子花洁白如雪。想起日日经过时的芬芳怡人,便跑到楼下,剪几枝连花带苞的栀子花,用一个玻璃瓶盛些清水养着,放在窗前书桌上那一排整齐的书册旁。女朋友进入房间后,一脸欣喜,特别是看到栀子花,捧起来闻了又闻……后来,女朋友成了妻子,她说当时印象最深的是:一室清爽,花香盈门。那一束清雅的栀子花,带着幸福甜蜜的青春记忆,深深地印在了我和妻子的生命里。

家乡的栀子花,六出单瓣,是原种栀子花。而城里的栀子花,多为重瓣的园艺品种,植物志称之为白蟾。虽然白蟾不会结子,但是花香如故。说到栀子花的香味,忽然想起了汪曾祺老先生的一段令人捧腹的叙述。他在《夏天》一文中写道:"栀子花粗粗大大,又香得掸都掸不开,于是为文雅人不取,以为品格不高。栀子花说:'去你妈的,我就是要这样香,香得痛痛快快,你们他妈的管得着吗!'"老先生为文,向来冲淡平和、言简意深,为给栀子花打抱不平,竟这般冲动起来,倒觉十分有趣。每次读到这一段,都忍俊不禁。

栀子之名,来自其果实之形状。李时珍在《本草纲目》之中解释说:"卮,酒器也。栀子象之,故名。俗作栀。"在我的家乡,被称为黄栀子,估计是因为栀子果实成熟时,色泽橙黄,故名。黄栀子能清热利尿、泻火除烦、凉血解毒、散瘀,是一味不错的中药材。因家乡的

栀子质量全国最佳,下乡收购的药商颇多,我们常常漫山遍野采摘栀子,晒干后卖掉换点零花钱。

栀子可谓全身都是宝,鲜花可赏,芳香可闻,花蜜可吸,花瓣可食,叶、根、果皆可入药。另外,果实之中提取的栀子黄色素,颜色鲜艳,着色力强,具有耐光、耐热、耐酸碱性、无异味等特点,没有人工合成色素的副作用,且具有一定的医疗效果,是一种品质优良的天然食品色素,可广泛应用于糕点、糖果、饮料等食品的着色上。

诗圣杜甫曾赞叹道:"栀子比众木,人间诚未多。于身色有用,与道气相和。红取风霜实,青看雨露柯。无情移得汝,贵在映江波。"诚哉斯言!

泥胡菜

从丑小鸭到白天鹅

六月下旬

平时欣赏植物,以观花为主,观叶、观果为辅,故不少植物在花满枝头之际,还能识得。但在茎叶初生之时,或者光凭果实来辨认的时候,就感觉陌生了。菊科植物泥胡菜的一生,简直就是童话故事《丑小鸭》的植物版。它们在不同的生长阶段,形态变化极大,以至于在不同地方、不同时期遇见它们,有时候居然对不上号。不过,能够完整观察一种植物不同阶段的美好,是一件很有趣的事情,这样也才算真正认识了它们。

泥胡菜分布很广,除西藏、新疆外,全国其他地区都可以看见它们的身影。它们刚刚长

菊科・泥胡菜属

出来时,一点也不起眼。基生叶呈放射状向四周伸出,贴地而生,密密挨挨挤在一起,好似大车轮的辐条,外面套个轮胎,估计就可以上路了。其基生叶多而繁密,且质地轻薄,叶子两面异色,上面绿色,下面灰白色,故又有石灰菜之别名。这时候的泥胡菜可以吃,喜欢野菜的朋友可以挖几棵回去炒鸡蛋,据说味道不错。当然,不好直接吃,要先除去苦味,方可烹饪。

  春风吹拂,万物生长。慢慢地,基生叶的中心,开始抽出几条茎秆,高可达一米左右,茎上还有分枝,枝上长着提琴形羽状深裂的绿叶,这是辨识它们的重要标志之一。等到开花时节,泥胡菜女大十八变,来了一个完美蜕变。淡紫色的头状花序,在茎枝顶端排成疏松伞房大花序,高高低低,错落有致,好似一个个戴着紫色帽子的英国淑女。那天在东海边的福泉山顶遇见一丛,十分惊艳!不曾想,小时候还趴在地上的泥胡菜,能长这么高,还如此美丽!

  等到泥胡菜结果成熟,它们则飘飘然羽化而登仙。不是只有蒲公英的种子带降落伞,菊科的苦苣菜、苦荬菜,包括泥胡菜,萝藦科的萝藦,都是果实上长冠毛、自备降落伞的孩子。和蒲公英整齐规则、球形排列不同的是,泥胡菜的果实,一开始还是整齐地束在头状总苞之中。随着苞片慢慢张开下垂,它们逐渐蓬松,微风徐吹,种子开始松动溢出。风再大一点,它们就接二连三、牵三挂四地御风飞翔,各自寻找安身之处去了。果实落尽,只空余苞片,但这个苞片因具金属质感,亦颇值一观。

  观察植物多了,就会发现,很多俗语都有例外,平时我们说"春生夏长、秋收冬藏",这是针对农作物或者大乔木而言。其实有很多植物,

尤其是柔弱的草本植物，夏天之前就"既收且藏"了。比如紫堇属，五月之前就完成了一个生命轮回，它们要赶在炎炎烈日到来之前，完成繁殖的重任。六月是泥胡菜的果实成熟期。看到路边、公园熟透的泥胡菜果实，总是忍不住揪出一把，轻轻一吹，或者往空中一扔，看着它们飘飘荡荡，四处飞散，非常好玩！玩泥胡菜之乐，一点也不亚于玩蒲公英，有兴趣的，不妨去户外感受一下草木之美好！

荷花玉兰

形似荷花大，气如玉兰香

六月下旬

　　6月18日晨，从操场跑步回家，经过后河巷一棵行道树下，忽然听到身后"啪"的一声响动。回头一看，原来是几片荷花玉兰的花瓣掉落在地上了，大如汤勺，质地厚实，颜色已经泛黄。一片花瓣落地的声音如此厚重，在华东地区，估计也只有荷花玉兰了！

　　为什么荷花玉兰早不落晚不落，偏偏在我经过的时候掉落呢？难道这是它在提醒我：我们都开花好一阵子了，你怎么还不来看看我们呢？荷花玉兰是我很喜欢的一种古老植物，好好观察和记录它们，是我多年来的想法。可每年春末夏初这段时间，似乎都很忙碌，总在不

木兰科·木兰属

知不觉间错过了花期。难得周末有点时间，决定不辜负荷花玉兰神谕般的启示，为它们留下一些文字。

荷花玉兰又名广玉兰、洋玉兰，树干笔直，树形优美，叶大荫浓，是一种非常美丽的树种。叶子厚革质，有些叶子背面还有黄锈毛，不明就里的还以为是叶子枯黄了，但其实这是荷花玉兰在漫长的生命长河之中进化出来的一种生存智慧。广玉兰的花，巨如荷花，可谓乔木花之最大者。开一朵花，需要消耗大量的养分，叶子作为营养工厂，必须保证开花这个植物生命之中最重要的环节顺利进行，所以利用黄锈涂层增强光反射，实现光线二次利用，提升光合作用的效果。

荷花玉兰含苞之时，好似白中透绿的巨大毛笔头，至半开时节，又像一只精工细作的白玉碗，等到全部开放，美如白荷之雅，清似出水芙蓉，是其最动人的时刻。真是每个阶段都有不一样的美丽，让人赏玩不尽。

荷花玉兰的花，没有花萼，花瓣和萼片合为一体，所以花瓣才会那么厚重。盛放的荷花玉兰，外轮六片花瓣张开，而内轮的三片小花瓣，则悉心呵护着花的核心部位——花蕊柱。有时三片小花瓣合拢着，将花蕊柱轻轻遮挡起来，防止蕊柱被风吹日晒雨淋；有时张开一瓣，另外两瓣还轻轻拥抱着，腾出一点空间，方便蜜蜂等昆虫前来传粉。花瓣与蕊柱之间的相亲相爱，令人动容。

在经典植物分类排列顺序之中，木兰科植物总是排在被子植物的第一科，因为它们属于整个地球上第一批开花的植物。最能显示荷花玉兰古老的，就是花冠中央那根精巧的花蕊柱了。

拿接近花朵标准范式的百合花对照一下，就可以清楚地发现荷

雌蕊残留物 ——

雄蕊脱落痕迹 ——

木质状花瓣痕 ——

花玉兰花蕊柱的独特了。进化成熟的花，一般为"一妻多夫"制，一根雌蕊，多根雄蕊；而古老的木兰科植物，包括玉兰、厚朴、含笑等都是"多夫多妻"制，雌雄蕊都是多数，荷花玉兰同样如此。

蕊柱上部毛茸茸如小弯钩的，是雌蕊群，花柱和柱头不明显；而下部白色如栅栏般密密包围蕊柱的，是雄蕊群。百合在花柱底部有一个明显膨大的子房，而荷花玉兰没有。但它有多层心皮，在蕊柱上部，等到果实成熟时，就会像玉兰一样，裂开毛茸茸的心皮，爆出一颗颗带着橙红色外皮的种子。神奇的是，它还会用一条条蜘蛛丝一般的白线，把种子吊在空中晃来晃去，吸引小鸟或者其他动物的注意，实现传播种子的目标。植物的生命智慧有时候真是

不可思议。

　　荷花玉兰原产于美国东南部,中国引进史有些好玩的传说。一种说法是,广玉兰最早由广东从北美引进,先在广东等沿海一带城市栽植,后来扩散至全国各地,故广玉兰之"广",就是广东之"广"。但有人提出质疑,说"广"来自拉丁文学名"*Magnolia grandiflora*"的音译,"*Magnolia*"是木兰属名,木兰又名玉兰,"*grandiflora*"的意思是大花,取"*grand*"的音,就是"广"了。我个人觉得这个说法有一定道理,如果这个"广"字真是广东,为什么 1956 年编撰的《广州植物志》不用广玉兰而用荷花玉兰这个中文名呢?

　　另一种说法,和李鸿章有关。据说当年美国使臣赠送了 108 棵广玉兰树给慈禧太后,其时,恰逢以淮军为主体的大清将士在中法战争中取得重大胜利。在讨论如何奖赏有功之士时,李鸿章怕其他政敌

荷花玉兰

Magnolia grandiflora

眼红淮军，同时也为了讨慈禧欢心，就提出不要高官厚禄，希望慈禧将那108棵广玉兰树赐给将士们，带回合肥老家栽种。慈禧同意了，所以合肥现在有很多百年以上的广玉兰树，其中李鸿章的享堂就有当年御赐的两株，一株据说已经枯死，另一株依然枝繁叶茂。有机会去合肥的朋友们，可以前去一探虚实。

前几年去湖州南浔古镇游玩，看到很多清末民初的富商巨贾留存下来的老宅子里，都栽有荷花玉兰树。估计是当时慈禧赐树之后，很多达官贵人都以得到荷花玉兰树为荣，于是便想方设法弄一些栽种在自己院子里，以示高贵。流风所及，广玉兰就变成了在中国各地广泛分布的一个树种了。广玉兰在宁波城也到处可见，我家附近的体育场路宁波工程学院段的行道树全是广玉兰。天童寺大雄宝殿前的院子里，也有一棵上了年数的广玉兰。余姚市还将广玉兰列为市树呢。

俗语讲，重瓣无子，花大不香。荷花玉兰却是个例外，它不仅花形巨大，而且清香四溢。每年春末夏初，经过体育场路那些盛花的荷花玉兰树下，一股不浓不淡的清香，总会扑鼻而来，深吸一口，神清气爽，令人忘俗。我喜欢这夏日的经典景象。

玉簪

瑶池仙子宴流霞，醉里遗簪幻作花

玉簪（*Hosta plantaginea*），百合科玉簪属，我国传统名花，花奇、叶美、芳香。对此，清人陈淏子《花镜》一书中有一段很美的叙述："玉簪花一名白萼。二月生苗成丛，叶大如小团扇，七月初抽茎。茎有细叶十余，每叶出花一朵。花未开时，其形如玉搔头簪，洁白如玉。开时微绽，四出，中吐黄蕊；七须环列，一须独长，香甜袭人，朝开暮卷。"其中"茎有细叶"是指其苞片，"七须"是指六根雄蕊和一根雌蕊，雌蕊稍微超出花冠。

玉簪本是天上物，只因偶然落入凡间。传说当年王母娘娘宴请众仙女，兴致颇高，气氛

玉簪

太好,觥筹交错之间,酒不醉人人自醉,仙女们个个面若桃花,云鬓松斜。宴罢登车回宫之际,玉簪坠落,无处寻觅。后来才知,已落入人间,化作了玉簪花。如此美好的花草,又有如此美妙的传说,诗人们当然不会吝惜他们的溢美之词,早在唐宋时期,就有许多诗人吟咏过此花。

因"采得百花成蜜后,为谁辛苦为谁甜"而闻名于世的唐朝诗人罗隐,就有一首《玉簪》:"雪魄冰姿俗不侵,阿谁移植小窗阴。若非月姊黄金钏,难买天孙白玉簪。"他用"雪魄冰姿"四个字,来形容玉簪之品格,非常精当。而后面两句,隐隐有点赞玉簪"天上之花"的意思了。

我最喜欢的玉簪诗,是北宋王安石的这首:"瑶池仙子宴流霞,醉里遗簪幻作花。万斛浓香山麝馥,随风吹落到君家。"整首诗有传说,有花形,有花香,有寓意,内容丰满,格调高雅,是一首咏玉簪花之佳作。后人也有不少同题材的作品,但无出其右者。如江西诗派领袖黄庭坚的《玉簪》："宴罢瑶池阿母家，嫩琼飞上紫云车。玉簪堕地无人拾，化作江南第一花。"全诗也不出王荆公前两句之意。

李时珍在《本草纲目》里说："玉簪处处人家栽为花草。"李渔在《闲情偶寄》中也说道："花之极贱而可贵者，玉簪是也。插入妇人髻中，孰真孰假，几不能辨，乃闺阁中必需之物。然留之弗摘，点缀篱间，亦似美人之遗。"可见，玉簪是古代常见之花，但在时下的宁波城，倒不易见到。后来特地请教了宁波园林大王"金峨山庄主"，才在解放桥槐树路边的花境之中，找到几丛。他说玉簪花确实用得少了，他特地在此处配置一些，为玉簪留下一些花种。

各地最为常见的玉簪属植物，是紫玉簪（*Hosta albo-marginata*）。2016年5月底，我在北京红领巾公园附近拍到了紫玉簪。2017年6月，我在南京玄武湖畔拍到一些不错的图片，也是紫玉簪。而如今的宁波园林，随便一看，基本都有紫玉簪。紫玉簪原产日本，是外来品种。本土传统名花纷纷不见，倒是洋花风光占尽。就像凌霄花，目前所见基本是美国凌霄，本土凌霄几乎见不到，成了外来和尚会念经。

宁波本土还有一种玉簪属植物，叫作紫萼（*Hosta ventricosa*），名字和玉簪的别名"白萼"相对应。春天，去宁波山野，经常可以看到刚刚从土里抽出的紫萼嫩苗，叶片碧绿宽大，弧形叶脉精致优雅，简直是大自然的杰作。只可惜紫萼花开在盛夏，彼时很少入山，故难得一睹芳容。7月初，在四明山深处的古村落柿林村参加活动，忽然在一户人家的转角处，看到一丛郁郁葱葱的紫萼，正花葶玉立，花开满茎，紫花碧叶，十分美好。

虽然玉簪含苞时微微有点淡紫色，但是全开或半开之后，花冠都

玉簪

玉簪

紫玉簪

紫玉簪

紫萼

紫萼

是纯白色的，故比较好认。而紫萼和紫玉簪因为颜色相近，常常会混淆，我就被一些文章误导过，以为紫玉簪、紫萼同种异名，其实不然。紫萼和玉簪皆为我国本土品种，紫玉簪是从日本引进的园林品种，故紫玉簪只在园林中可见，而玉簪、紫萼在山野和园林皆可看见。三者之间的区别有以下几点：

就花葶高度和花朵大小来说，玉簪、紫萼都在紫玉簪之上。紫玉簪有点倭人特色，花葶矮小，最高不过60厘米，而玉簪高可达80厘米，紫萼则近100厘米。花苞是玉簪花最长，可达13厘米，紫萼可达6厘米左右，而紫玉簪最长只有4厘米。

花朵盛开时的形状，是它们最直观的区别。玉簪、紫玉簪的花朵都是喇叭形，和百合花的形状相似，而紫萼的花朵是漏斗形的。用植物志里的专业术语来描述，前两者"盛开时从花被管向上逐渐扩大"，而紫萼"盛开时从花被管向上骤然作近漏斗状扩大"。

而它们最重要的区别，是香气。玉簪花开时芳香馥郁，类似百合而又多了一分清气。南宋诗人虞俦说此香是"香在幽兰伯仲间"，同朝另一位诗人尤袤则有"满院清香恼杀人"的句子，明朝诗人瞿佑形容玉簪花"秋水为神冰是骨，龙涎作炷麝传香"。从这些诗人的作品可见，气味芬芳是玉簪花的一个重要特点。而紫萼、紫玉簪基本没什么香味，即便有，也淡到不值一提。没有香味的玉簪，还能叫玉簪吗？即使插入美人云鬓之间，还有那么浪漫可爱吗？

一年蓬

美洲 | 为别,孤蓬万里征

菊科·飞蓬属

在唐诗里,我们经常会读到带"蓬"字的诗句。

杜甫在《遣兴五首》中写道:"蓬生非无根,漂荡随高风。天寒落万里,不复归本丛。"李商隐著名的《无题》诗中,也有"走马兰台类转蓬"的句子。诗中之"蓬",多指飞蓬属某植物,因该属植物根浅株高叶多,重心不稳,秋天枯死,根株断开,易随风飞旋,故称"飞蓬"或者"转蓬"。因此常被诗人用以表达孤独寂寞、漂泊天涯之感。

在李太白《送友人》之中,还有"此地一为别,孤蓬万里征"的著名句子。此处之"万里

一年蓬

征",用来形容友人漂泊天涯也许略显夸张,但用在菊科飞蓬属植物一年蓬(*Erigeron annuus*)身上,倒比较贴切。

一年蓬原产北美洲,身材修长,花色清新,是一种很秀气的美丽植物。清末,随着国门被打开,一年蓬也漂洋过海传入中国。虽然它们与故乡遥距万里,但一点也不觉孤单,也从来不曾畏惧,随遇而安,到处生长。经过一百多年的演化变迁,它们在中国已经生长得相当不错了,已成为广布全国多个省市的常见野花。用《中国植物志》里的术语来说,是"在我国已驯化",完全适应了中国的地理和气候环境,成为本地生物生态圈的一员。

一年蓬在我国已驯化的另一个重要证据,是它在我国各地的众多别名。随便一列举,就有女菀、野蒿、牙肿消、牙根消、千张草、墙头草、长毛草、地白菜、油麻草、白马兰、千层塔、治疟草、瞌睡草、白旋覆花等长长一大串。其中女菀、白马兰、白旋覆花、千层塔等是形容其外形的,而牙肿消、牙根消、治疟草等别称,说明它还是一味良药,据说在治疗消化不良、胃肠炎、齿龈炎、毒蛇咬伤等疾病上疗效不错,尤其是治疟疾,《中国植物志》称其"有治疟的良效"。如此看来,一年蓬简直就和同样来自北美的白求恩大夫一样了不起。

在宁波,一年蓬也很常见,不论是在四明山的山野路边,还是在城市的花坛荒地,到处可见一丛丛一片片的小白花在风中自在摇曳,套用罗隐的名句来说是"无论平地与山尖,无限风光尽被占"。七月中旬,在宁波工程学院操场,疯狂生长的一年蓬,几乎要把跑道中间那一大块草地占满了,让人恍如身处草原花海之中。这些日子,我们一家人在运动之余,常常在花海里玩耍,拍照,看蝴蝶。有时候还折上

一年蓬

舌状花少而宽且秀气

费城飞蓬

舌状花多而细且凌乱

一年蓬

叶子有短柄不抱茎

费城飞蓬

叶子抱茎

几把,插在家里的玻璃瓶里,是一种美丽清雅的案头清供。

一年蓬还有一个很容易让人搞错的同胞姐妹,就是费城飞蓬（*Erigeron philadelphicus*）,又名春飞蓬或者春一年蓬,据说是近年入侵我国的植物。这种植物同样来自北美,从其名字即可看出。

费城飞蓬在宁波只是零星可见,很少能看到成片生长的,其花期约在四月底五月初,比一年蓬约早半个月,花期也不长,似乎只在春天盛开,其他季节几乎看不到。虽然植物志说一年蓬花期在六至九月,但据我在宁波的观察,几乎整个下半年都能看到一年蓬在开花。

那除了花期,如何区别二者呢？一是看花朵。费城飞蓬的舌状花多而细,显得有点凌乱,颜色为白色,有时候还会略带粉红；而一年蓬的舌状花少而宽,排列很整齐,样子比费城飞蓬要秀气,其舌状花纯白色,如果看到略带粉红的,那肯定就是费城飞蓬了。二是看叶子。费城飞蓬茎生叶基部半抱茎；而一年蓬茎生叶不抱茎,略有短柄。

虽然说众生平等,但从"颜值"和功效来说,我还是喜欢一年蓬多一点。

酢浆草

自带安全气囊闯天下

酢浆草科·酢浆草属

酢浆草,一种非常古老的植物,一千多年前的《唐本草》中就有关于它的记载。"酢"的读音和意思,都同"醋",顾名思义,酢浆草就是一种味道酸酸的柔弱草本。李时珍在《本草纲目》中说:"此小草三叶酸也,其味如醋。"故此草还有酸味草、鸠酸、酸醋酱等别名,在全国广泛分布。很多人都有吃酢浆草嫩叶子的童年记忆,那酸溜溜的味道,令人难忘。

再次和酢浆草结缘,源自一个十分偶然的事件。2015年某天,忽然发现办公室的一个花盆里,居然多了一株小小的酢浆草。这个花盆原来种着一株合果芋,长着箭头般的叶子,

酢浆草

酢浆草

酢浆草

是我从一个角落里抢救出来的,已经跟了我快十年,从来没开过花。也许它们就像发财树,即瓜栗(*Pachira aquatica*),在岭南才会开花,但我就是喜欢它们那一股蓬蓬勃勃的生命力。

我非常好奇,酢浆草的种子到底是怎么来的呢?合理的解释,只能是风了。脑补一下这样一个场景:某天,忽然起了一阵怪风,不知从什么地方裹挟了酢浆草一些微小的种子,当它们经过我的窗台时,风渐吹渐小,于是种子降落,不偏不倚,正好有一粒落在了花盆里,于是萌发,生长。万分之一的机会才可能出现的生命奇迹,就这样在我的眼前发生,也算是我与它们有缘。

平时,酢浆草毫不起眼,很少有人会蹲下身来看一眼。但这一株酢浆草却不容我忽视,没多久,它开花,结果,在不到一年时间,窗台五个花盆里,居然都有酢浆草了,而且楼下草坪里,也看到了酢浆草。这强大的繁衍能力,让我叹为观止。我想,这一株酢浆草,一定是上天派来特意给我现身说法,提醒我好好欣赏它们的各种美好与可爱的。我不能辜负了它们。平时工作累了,时常到窗台边看看它们,又开多少花了,又结多少果了,嘴馋起来,还摘下一片叶子,酸爽提神一下,也算是更进一步感受它们。

酢浆草的叶子碧绿可爱,很有特点,三个叶片聚生于茎的顶端,叶缘有细细的绒毛。每一个叶片,都是一个标准的心形,心尖对着心尖,好似顶着三颗雄心闯天下,看起来十分有趣。酢浆草开黄花,五个花瓣,柱头五裂,十枚雄蕊高高低低围绕着雌蕊,在花冠里面生长的样子,看起来像筒里插了一束高低不等的高尔夫球棒。酢浆草花朵很小,也就一片叶子那么大,但那亮黄的颜色,十分惹眼,足以吸引蜂蝶们的注意。

我一直很好奇酢浆草为何扩张得如此迅速,后来发现,秘密全在它的蒴果里。其蒴果,长圆柱形,上尖下粗,有五条棱,刚刚长出来的时候是绿色的,像一个个小玉米棒子,也像一个待发射的小火箭。蒴果成熟时,会自动迸裂,褐色的种子被弹射得到处都是,它们以这种方式将种子传播至更远的地方。平时我也会捏"小火箭"玩,如果捏住一个蒴果不放手,很明显地能够感觉到一股活泼的力量在果荚里凝聚,就好像弹簧按下去即将要反弹回来一样,只要手指头一松,种子立即四处弹射。我办公室的一面白墙上,至今还粘着许多酢浆草的种子呢。

剥开果荚细细观察,发现种子射出去之后,里面还剩下一些米粒样的东西,这在植物学上叫作假种皮。科学研究表明,这个假种皮是酢浆草种子弹力传播的关键结构。假种皮主要由泡状细胞组成,泡状细胞随着果实成熟而严重失水,不同细胞间因收缩不平衡产生扭转力。随着果荚的不断成熟,力量逐渐积聚,当超过临界点后,在种子尖端处裂开并翻卷,将种子以反弹的形式斜抛出去。这是很多植

关节酢浆草

紫叶酢浆草

物自力传播种子的一种流行方式。很多豆科植物也是如此。有一天中午,我在单位附近的一片绿地上散步,听到此起彼伏的噼里啪啦之声,定睛一看,原来是草坪上一大片大巢菜的果实成熟了,在阳光的炙烤之下,正在裂荚播种呢。

酢浆草栽培品种很多,最著名的是红花酢浆草(*Oxalis corymbosa*),叶子、植株和花朵都比原生的要粗大健壮一些,园林上常用作林下地被植物,一大片红花酢浆草花盛开的时候,紫红一片,好似给大地铺上了一层美丽的花地毯。

和红花酢浆草容易混淆的是关节酢浆草(*Oxalis articulata*)。两者的主要区别在花冠喉部的颜色,红色的是关节酢浆草,绿色的则是红花酢浆草,其他方面简直一模一样。就平时的观察来看,在宁波城,关节酢浆草比红花酢浆草运用得要更普遍一些。

园林中还有一种常见的酢浆草品种是紫叶酢浆草(*Oxalis triangularis* 'Urpurea'),此草最突出的特点,是其三角形的紫色叶子,三个三角形尖对着尖长着,也是很奇特的一种叶形,让人过目难忘。

金丝桃

风月无边关不住,
金丝万缕吐相思

美国自然主义哲学家、作家梭罗有一句名言:大自然经得起最细致的观察。

这句名言,用在观察金丝桃上,最贴切不过了。此花在宁波园林上运用广泛,非常容易遇见。盛放时的金丝桃,远远看过去,并不是特别出色,只不过绿叶丛中有些黄黄的花朵而已。但弯下腰,凝视一朵正当好年华的金丝桃,就会由衷地赞叹:大自然怎么会制造出如此精美绝伦的杰作?

这个杰作最动人之处,不是那五片金黄色的花瓣,不是它们对生的叶子,也不是它们紫色的茎枝,而是它们那数量众多、灿若金丝的

藤黄科·金丝桃属

雄蕊。观察金丝桃,有俯视和平视两个角度,角度不同,感受各异。

俯视金丝桃,花朵最中间是小葫芦般的子房,其上连着一根顶部五个分叉的长长雌蕊。子房周围,环绕着五束花丝,细细数一数,每束有25—35根不等,花丝呈放射状往外伸出,顶着花药的尾梢部分微微内收。从这个角度看金丝桃,并不是最佳角度,花丝看起来似乎有点杂乱,稍好一点的,也不过如同盛放的烟花而已。

欣赏金丝桃之美的最好角度,当属平视。当我们放低姿态,把视线降到和花瓣同一个水平面时,金丝桃最让我们震撼的美,将完整地呈现在我们的眼前。这时就能看到,在铺散、微垂的金黄色花瓣上面,无数根弧形的金色花丝,密密挨挨围成了一个金色的丝碗,而鹤立其中、与众不同,恍若在花丝之中翩翩舞蹈的,是他们的女王 —— 雌蕊。盛花时期的女王,100多根金色雄蕊,犹如众星捧月般围绕着她,多么威风凛凛、盛极一时。

"多情夏雨润新枝,灿若娇娘起舞姿。风月无边关不住,金丝万缕吐相思。"这是当代诗人熊梅生咏金丝桃的一首七绝诗,想象奇特却又清新自然,个人认为写得很好。

每年五月底六月初,是高考季,也是金丝桃的花季。因花朵娇美,颜色金黄,金丝桃颇为学生、家长们所喜,因为有人会因此想到金榜题名。可惜,金丝桃花期并不长,十来天,还没等到高考成绩公布,基本上就谢光了。谢花之时,那寄托着无限相思的无数金丝,已被风吹雨打去,只剩下孤零零一根或弯折甚或焦黄的雌蕊,看起来有点凄凉。不知道这位孤独的女王,是否偶尔会想起她自己最辉煌的时刻?但当女王看到子房里不断成长的孩子们,她一定很欣慰。因为,她的历史使命已经完成了。

做一株攀援的凌霄花又何妨?

紫葳科·凌霄属

很多人知道凌霄,是因为舒婷的《致橡树》。她在诗中说:"我如果爱你——绝不像攀援的凌霄花,借你的高枝炫耀自己。"

这首发表于1977年的现代诗,为朦胧诗派开山之作,既让舒婷名声大噪,也让舒婷颇为苦恼。该诗太光芒四射,世人几乎将此诗和舒婷等同,而舒婷其他方面的文学创作成果,却鲜为人所注意,都成了"灯下黑",让她颇为无奈。

但是,更加无奈的当属凌霄花。在诗中,木棉和橡树是高大上的代表,而凌霄,则被作为反面典型,描述成附庸、没有独立人格的可

凌霄

怜虫,很多人因而对凌霄没什么好感。对于美丽的凌霄花来说,这真是飞来横祸,躺着也中枪啊!

桃李不言,下自成蹊。凌霄是我国自古以来有名的藤本植物。植物之间,本无高低之分,只有分工不同,是木棉而非凌霄,只是一种文学意象而已,当不得真。

植物的世界里,既要有顶天立地的乔木,也要有密集丛生的灌木,更要有低小众多的草本,以及枝枝蔓蔓的藤本,如此才成其为一个生物群落,才成其为一个生态系统。从群落的演进过程来看,也是循着"草本 — 灌木 — 小乔木 — 乔木"的顺序依次出现的。没有这些灌木、藤本等先锋植物对环境的改善,乔木还不一定能够出现呢!

从凌霄个体来说,其实也有许多不为人知的好处。它们色彩鲜艳,花形优雅,生长迅速,花期很长,是蔷薇之外,江南很多城市最理想的结屏、爬篱、绕墙及垂挂之花。在少花的盛夏,宁波城很多地方都可以看见它们的身影。老外滩,一幢老房子屋顶的凌霄花恍若垂天之瀑;彩虹北路58号门口,凌霄花将一棵巨型海桐树装点得美丽异常;妇儿医院西侧的围墙,因为凌霄,成了一片艳丽的垂直花海。而且,凌霄花不择土壤和地方,随地而安,且善于借力,给它一个凭借,它估计可以爬到天上。

凌霄花最令人佩服的,是它们斗高温耐酷暑的个性。有一段时间,宁波连续几周气温在38摄氏度以上,水泥地表据说都可以煎鸡蛋了。在如此"烧烤模式"之下,人类都说受不了,很多草本甚至早成了"夏天无"。但凌霄却在一年之中最酷热的季节盛放,为我们延续赏花的乐事,的确不容易。

厚萼凌霄

每次路过烈日下的凌霄花瀑,总能看到凌霄花光鲜灿烂且优雅自如的倩影,真是越热越精神,越晒越健康,让人叹为观止!如果说梅花是傲霜斗雪的君子,那么我要说,凌霄就是斗高温战酷暑的侠女!清代大才子李渔就很喜欢凌霄花,他说:"藤花之可敬者,莫若凌霄。"

舒婷这首诗,是特定历史时期出现的一种思潮代表,是一种"理想型",在现实的世界,却不一定行得通。从爱情的角度来说,讲究精神独立和人格尊严固然不错,但只要相知相爱、相依相伴、各司其职,夫妻之间又何必分得那么清。橡树和凌霄同样可以相得益彰,即使做一株攀援的凌霄花又何妨?说得再大一点,我们每个人都深深嵌在这个世界之中,都是社会大网中的一个网结,都不可能独立存在,善于借力,长于合作,互利共赢,才是发展之王道。

紫薇

独占芳菲当夏景,不将颜色托春风

千屈菜科 · 紫薇属

　　紫薇花朵繁密,色彩艳丽,花期漫长,是江南盛夏最亮丽的风景线之一。它和凌霄一样,既美丽动人,又耐暑抗热,将二者称为"盛夏双骄",倒也名副其实。

　　紫薇为我国传统名花,历代文人骚客吟咏极多。《中国历代百花诗选》就收录了紫薇诗25首。细读这些篇什,发现诗人们吟咏主题多种多样,有拿官职名紫薇郎说事的,也有从星宿名紫微星切入的,当然,最受诗人们称许的,还是紫薇耐高温、斗酷暑并怡然自若的品格。

　　最早将紫薇花和紫薇郎联系起来的,当属

复色矮紫薇

唐代大诗人白居易的这首《紫薇花》：

丝纶阁下文章静，
钟鼓楼中刻漏长。
独坐黄昏谁是伴，
紫薇花对紫薇郎。

这个紫薇郎到底是一个什么官职？史书记载：唐中央设中书、门下、尚书三省。中书省决策，门下省审核，皇帝御批后，尚书省执行。开元元年，改中书省曰紫薇省，中书令为紫薇令。白居易为中书侍郎，故自称为紫薇郎，其职级类今之全国人大常委会副主任，地位可谓不低。所以，诗中除了写诗人盛夏黄昏的孤寂，还透露出了他仕途得意的一点点小傲娇。

白诗堪称经典，后来衍化出很多以此为典故的作品。北宋诗人王之道同名诗《紫薇花》："何当草诏丝纶阁，伴我黄昏坐禁闱？"诗中表达的分明是对白居易的艳羡。南宋著名诗人，温州乐清人王十朋《紫薇》："盛夏绿遮眼，此花满堂红。自惭终日对，不是紫薇郎。"表达的则是一种仕途不顺的焦虑，当然这只是暂时的，王十朋后来还是大器晚成、状元及第了。

另一位南宋大诗人杨万里,则在诗中表达了"赏花何必紫薇郎"的相对超脱:"莫管身非香案吏,也移床对紫薇花"。

紫薇花和天上的星宿同名。紫微星为北斗主星,北斗七星围着它转。在中国传统思想中,紫微星是代表皇帝的帝星,"微"通"薇",故紫薇省就是为皇帝处理重要事务的中枢官衙。北宋诗人、新余人刘敞在《答黄寺丞紫薇五言》中提到了这一点:"紫薇异众木,名与星垣同。应是天上花,偶然落尘中。艳色丽朝日,繁香散清风。"他另一首诗《阁中紫薇花》中也有"宫中万年树,天上紫薇垣"等类似句子。

紫薇避开喧闹的春天,开在少花的盛夏,为人们延续赏花的乐事,是诗人们最为称道的一点。其中最著名的作品,莫过于唐代大诗人杜牧的《紫薇花》:"晓迎秋露一枝新,不占园中最上春。桃李无言又何在,向风偏笑艳阳人。"本篇标题"独占

紫
薇

Lagerstroemia indica

芳菲当夏景,不将颜色托春风"则出自白居易的另一首《紫薇花》。

紫薇花期漫长,被称为"百日红",以此为主题的作品也很多。被人引用最多的是杨万里的诗:"似痴如醉弱还佳,露压风欺分外斜。谁道花无红百日,紫薇长放半年花。"岳飞之孙岳珂也写道:"凡卉同资造化工,紫微元不待东风……最怜耐久堪承露,谁道花无百日红。"明朝有一位薛蕙,他的诗中也提及:"紫薇开最久,烂漫十旬期。夏日逾秋序,新花续故枝。"

在宁波城里,紫薇花随处可见。在小区附近,就拍到四种紫薇。白色的银薇,红色的赤薇,紫色为本色紫薇。在永丰桥下姚江边上,还拍到一种红色带白边的紫薇,名为复色矮紫薇,比较少见。紫薇花期虽长,但如果不注意,便匆匆即逝了。当我们路过"紫薇格格"身边时,不妨停下匆匆的脚步,好好端详一下它们美丽的容颜。

刺桐

初见枝头方绿浓,忽惊火伞欲烧空

豆科·刺桐属

时序进入八月,无论山野还是城区,都是少花时节。

宁波山间的开花植物,当季较为显眼的,只有药百合、荞麦叶大百合、醉鱼草等少数几种。而城市之中,镇明路规模盛大的复羽叶栾树的黄色小碎花,刚刚崭露头角;绿篱或者屋顶如瀑布般倾泻而下的凌霄花,只是偶尔瞥见;而在各条道路不同角落风姿绰约、迎风摇曳的,依旧是"独占芳菲当夏景"的紫薇花。

车子驶过鄞县大道,忽然看到,姹紫嫣红的紫薇之外,路边绿化带之中不时闪过的,居然还有盛放如火焰般的刺桐花。这种刺桐,名为鸡冠刺桐(*Erythrina crista-galli*),原产巴西,因花下部的特化旗瓣状如鸡冠而得名。此花在宁波园林中种植比较广泛,百丈路七塔寺附近的道路绿化,东门口钱业会馆两边的花境,青林湾公园,甚至远在青云梯景区的一个度假山庄,都能见到它们。

鸡冠刺桐花期很长,印象中能从五六月份一直延续到十月份。此花含苞时如小辣椒,又似小象牙,故又名象牙红,渐渐膨胀后,又如金刚鹦鹉的大嘴巴。及至花朵完全绽放,是它们最漂亮的时候,长长的花蕊束,被两个龙骨瓣合围成小虾米模样,花药、柱头则露在外面。基部围着小虾米的,是一个宽大的旗瓣,像极了公鸡下部的冠子,非常有趣。此旗瓣的功能,估计是方便传粉者降落停靠,也许还有吸引传粉者眼球的功能。

在宁波,这种外来的鸡冠刺桐比较常见,倒是原产中国的刺桐属长刺桐(*Erythrina variegata*)未见分布或引种。刺桐在中国的栽培历史悠久,晋人嵇含的《南方草木状》已有记载:"刺桐,其木为材,三月三时,布叶繁密后,有花赤色,间生叶间,旁照他物,皆朱殷。然三五房凋,则三五复发,如是者竟岁。九真有之。"九真在今之越南,汉武帝于元鼎六年(前111年)设置此郡。说明早在汉朝时期,刺桐在岭南地区已颇为常见。

刺桐为大乔木,高可达20米,鸡冠刺桐只是小乔木或者灌木,二者身材不可相提并论。其树皮呈灰褐色,因枝上有短圆锥形的黑色直刺,树皮如桐,故名刺桐。刺桐花和鸡冠刺桐含苞时,模样差不多,均为小辣椒状,完全打开时,则差别很大。鸡冠刺桐旗瓣在下部,而刺桐旗瓣在上面,尺寸只有前者的一半左右,有点类似自行车后轮上部的

鸡冠刺桐

刺桐

挡泥板，保护着花蕊不受日晒雨淋。另外，鸡冠刺桐花序很长，花朵由小到大，依次团生在长长的花序轴上，而刺桐基本上是放射状聚集在枝头，像是舞者手中的一簇簇小红花，在浓密的绿叶间非常显眼。

说到刺桐，泉州人应该最有感情。刺桐是泉州市树，刺桐花是泉州市花。早在唐末，泉州就因环城遍植刺桐树而被称为刺桐城，港口则被称为刺桐港。《马可·波罗游记》曾记载："刺桐是世界上最大港口，胡椒进口量乃百倍于亚历山大港。"刺桐港因而驰名欧亚及中东，是名副其实的海上丝绸之路起点。

诗人余光中祖籍泉州，他曾写过一首怀念家乡的著名诗篇，名为《洛阳桥》，其中就有这样的句子："刺桐花开了多少个春天 / 东西塔对望究竟多少年 / 多少人走过了洛阳桥 / 多少船驶出了泉州湾？"此处的刺桐，成为诗人乡愁的寄托之一，读来颇令人动容。

虽然泉州是刺桐城，我并没去过。我与刺桐的邂逅，却在成都。四月底，我在成都出差。次日去望江公园晨跑，发现酒店附近就有刺桐树，正花开满树，一株株列于路边的行道树之间。后来到四川大学，在体育馆附近的两幢宿舍楼之间，有四五株刺桐树高耸入云，足足有五六层楼高。仰头望去，树顶叶间成簇的刺桐花，好似团团火焰，在蓝天下熊熊燃烧，让我惊艳了好久。

泉州人关于刺桐，还有一些有趣的传说。据清人胡之鋘主修的《道光晋江县志》记载："刺桐先萌芽，花后发，则其年丰，否则反是。故谓之瑞桐。"宋人丁谓有一首《咏泉州刺桐》谈及此典故："闻得乡人说刺桐，叶先花发始年丰。我今到此忧民切，只爱青青不爱红。"而宋朝另一位诗人王十朋则不以为然，反其意而用之："初见枝头方绿浓，忽惊

鸡冠刺桐

刺桐

火伞欲烧空。花先花后年年雨,莫遣时人不爱红。"这首诗的状物对比鲜明,很有气势,观点也比较通透,不管花先花后,人们对刺桐的喜爱,都是一样的。

其实,刺桐本来就是先叶后花,或者花叶同时,嵇含已经观察得很明白,"三月三时,布叶繁密,后有花赤色,间生叶间"。这一传说,一方面表达了人们的良好祝愿,另一方面,也只是给诗人们多了一点可以发挥的素材而已,并无多少科学依据。

药百合

千里奔波三入山，只为绝世一容颜

六月中旬

百合属皆美人，药百合尤甚。《中国植物志》云："花极美丽。"此种评价，在该志记录的三万多种植物之中，实属罕见。

药百合，区别于只供食用的其他百合，可药食两用，且药效更佳，故名。药百合并非珍稀植物，仅浙江就有十余个县市分布，皖赣湘桂亦时有所见。但想在其最美丽的时刻一睹芳容，却并非易事。首先得知道哪里有分布，否则在茫茫大山之中，要找寻那么一株小花，犹如大海捞针；其次，还得精确地知道它们什么时候含苞、什么时候开花。遇见美好，真是一种难得的缘分。

百合科·百合属

今年看药百合,有点类似朝圣。因为有林海伦老师和宁海户外达人黑哥,找到药百合并不算特别难,难的是确定花期。7月23日,我们去宁海西极一个溪谷,却发现离药百合的花期还很早。8月5日,在宁海西部山区另一个溪谷"刷山",好不容易找到四五株药百合,却还是含苞待放。8月12日,似乎约好了一般,药百合在各地盛放:诸暨、黄岩、临海等地网友纷纷在微信群里晒出照片。13日,正值星期天,我们兴奋地再次驱车前往宁海。

刚刚走下斜坡,就在岸边竹林之中意外发现第一株药百合。这株药百合顶上只有两朵花,一朵含苞,另一朵已然绽放。尽管此前无数次看过花图,但现场亲见依然震撼。只见药百合六个花瓣完全打开,中部以上强烈翻卷,在花柄处几乎合拢成一个球形。花瓣背面的龙骨是绿色的,边缘依然是白色,内侧却色泽鲜红,还有暗红色斑点,到了花心内部,绿色花柱、花丝长长伸出,而花药却是红褐色。这一朵花上,颜色实在丰富,但看起来却又那么和谐,娇艳中透着清丽,奔放中又显含蓄,大小适中,形态优美,气质若仙。

鼠叔说,整朵花的形状,就像一柄碧玉竹竿高高挑起的一盏美丽宫灯。这个比喻十分贴切。一个绿色的小花苞之中,居然藏着如此精美的结构,造物之巧,令人叹服!

药百合不仅美丽,还充满着智慧。其叶形若竹,枝条和花苞均为绿色,在满眼绿色的竹林之中,很难被人或者虫子发现,它们需要不受打扰地安静生长。但开花之后,如何展示自我,促进传粉,就成了首要任务。于是它们将花瓣翻卷过来,露出鲜红的颜色,万绿丛中一点红,"我若盛开,昆虫自来"。

　　植物身上没有任何多余的部分。花瓣的红色之中,可见紫红色的斑点,这是用来给昆虫导引花蜜方向的。细细观察,还会发现花瓣内侧基部的蜜腺附近,长有一些流苏状或者乳头状的突起,这些附属物起什么作用呢?我们猜测,除了用来指示蜜腺位置,还方便昆虫抓牢定位。因为药百合的花是倒悬的,有了这些突起,蝴蝶、蜜蜂便可"倒挂金钟",顺利取食花蜜了。

　　我们拍摄的时候,一只蝴蝶正好飞过来,落在了这个地方,证实了我们的猜想。后来,请教了一些专家,也基本赞同这个观点。只是即便如此,花蜜和花药仍隔了很远,不知道花粉是如何粘到昆虫身上去的。有人猜想,我们看到的这只蝴蝶,体形太小,不一定是有效传粉者,属于光吃饭不干活的主。

　　那天毫不费力地发现第一株药百合后,我们对此行充满了期待,以为一定还会遇见更多绝色药百合。但令我们奇怪的是,后来虽又在五六处地方遇见它们,但都没有一处比第一株更完整美丽的：有的个子瘦小，有的花丝被虫子吃掉了一半，有的花瓣还没有翻卷。我们忽然悟到，在自然状态下，一株植物要有一个丰腴的生命，不知道要经历多少风雨多少虫害，才能修炼成自己想要的模样，有些熬不过去的，或许就中道崩殂了。想到这些，忽然对这些植物心生敬意，无论如何，它们都在努力绽放自己。

药百合生命不易，欣赏药百合也不易。为一睹芳容，我们三次来回，长途奔袭，次均240公里。第一次溯溪而上，同行的庄主滑了两跤，小腿被划出一道很深的口子，我也摔倒两次，相机落水，还带回一只吸饱血的山蚂蟥，伤口至今仍觉很痒。第三次再去，同行的秋麟也被山蚂蟥攻击，Linda则踩到了马蜂窝，被蜇了十多个包，我也被蜇了两下。这些美丽的背后，有喜悦，更有汗水、惊险和种种不易。不过，能邂逅美好，再苦再累，我们也乐在其中！

醉鱼草

野外求生或大用，能醉鱼儿亦醉人

马钱科·醉鱼草属

闲暇之时，爱翻《本草纲目》。这真是一部伟大的书，其医药学价值姑且不论，单就其文学价值来讲，成就亦非常之高。最喜欢读李时珍对本草之描述，语言简洁、精当、生动，往往寥寥数语，即将一种植物刻画得栩栩如生，让人佩服不已。常常觉得读了他写的相关条目以后，似乎就没什么好写的了。比如他写醉鱼草：

醉鱼草南方处处有之。多在堑岸边。作小株生，高者三四尺。根状如枸杞。茎似黄荆，有微棱，外有薄黄皮。枝易繁衍，叶似水杨，对节而生，经冬不凋。七八月开

花成穗,红紫色,俨如芫花一样。结细子。渔人采花及叶以毒鱼,尽圉圉而死,呼为醉鱼儿草。池沼边不可种之。此花色状气味并如芫花,毒鱼亦同,但花开不同时为异尔。

此段前三句,点出醉鱼草的生长环境和植株大小,接下来四句,根、茎、叶、花的形状,跃然纸上。醉鱼草之得名,亦两句道尽,"圉圉"的意思是"困而未舒貌",语出《孟子·万章上》,把鱼儿似醉如痴的状态表达得很生动。他不忘警示大家,不要将此花种在池沼边上。最后还有和芫花的比较。短短约150字,已将醉鱼草的方方面面说得非常清晰。

正如李时珍所言,醉鱼草在宁波也是处处有之。夏末秋初,驾车山间,不时可以瞥见一片或者一丛紫色忽然闪过。溯溪而行,溪边岸上常有一枝枝或开花或结果的醉鱼草长长垂下。很好奇,这种植物能够醉鱼,偏偏又长在岸边,这难道是上天担心我们人类太笨捕不到鱼,特地生出它们来供我们利用吗?对于一些常在户外行走的人来说,认识醉鱼草倒是非常有必要,万一哪天在山野迷路,没东西吃的时候,利用醉鱼草捕点鱼来吃,倒是一个不错的选择。

如何醉鱼呢?李时珍说得明白,主要是用花叶。采集一些花叶枝条,在石头上捣碎,然后投入一些相对封闭的溪湾、小潭,即可将鱼麻翻。醉鱼草醉鱼,只是暂时麻醉,过不了多少时间,它们就会自我苏醒过来,所以被醉鱼草毒过的鱼,只要去除内脏,高温煮熟,人吃了是没什么问题的。不过使用这种方法醉鱼,大鱼小鱼都会被毒翻,如果不是在非常情况之下,还是不要轻易尝试。

醉鱼草不仅醉鱼,而且"醉"人。在少花的夏秋之际,醉鱼草是山野之间为数不多的花开美丽且常见的野花,为我们延续赏花的快乐。醉鱼草的花,集中开在枝头,花序长而舒展,一朵朵带着紫色花冠的小花,朝一个方向上生长,有点像西洋长笛上的按键,远远看去,疏密有致,浪漫动人。如果细细观察一朵小花,会发现醉鱼草似乎没有花蕊,但却能结出细细密密的长圆状蒴果,这是怎么回事呢?撕开一朵花细细观察,会发现它们其实是有雄蕊的,着生在花冠管下部或近基部,花丝极短,柱头卵圆形,也是极小的。它们这种花冠管的特殊构造,估计是为了保护花蕊,也可能是与传粉者协同进化的结果,只供某种或者某几种有相应口器的昆虫吸蜜并传粉。

醉鱼草不仅醉中国人,也曾让英国人"醉"倒。前段时间读英国人理查德·梅比的巨著《杂草的故事》,忽然看到几处关于中国醉鱼草的描述,感觉很亲切,有点他乡遇故知的感觉。梅比在书中说道:

> 还有布里斯托尔,这里简直是最受我们喜欢的外来入侵植物——醉鱼草在英国的生长中心。醉鱼草是在19世纪80年代从中国西部的山地引入欧洲的。它是一种长在山麓碎石上的植物,它觉得铁路下铺的碎石是个熟悉且适宜的生长地。它那轻盈有翅的种子,被火车搅起的气流牵引着,从铁路路堤的大本营一直扩散到轰炸遗址、墙壁、花园和停车场。
>
> 在布里斯托尔,醉鱼草的灌木丛会长在桥上,长在建筑物的窗台上,有时还会与灌木柳和垂枝桦一起形成一种独特的城市林地。布里斯托尔的一面墙壁上涂鸦着这样一句话:"这里是醉鱼草的地盘。"

平时只是看到北美、南美的各种入侵植物在中华大地攻城略地,如入无人之境,如北美的加拿大一枝黄花、一年蓬,南美的南美蟛蜞菊、薇甘菊,有的甚至已经成了中华大地的植物杀手。忽然看到在我们这边常见又可爱的醉鱼草走出国门之后,居然也是如此强悍,不觉莞尔。

接骨草

能接骨,又美观,真才貌双全也

六月下旬

北大哲学系教授刘华杰近年来致力于博物学研究。他曾经说过:"在狭义上理解博物学家和野地,是与普通人有一些距离。但是,重要的是转变态度。态度一变,不论出身、原有专业,我们的眼睛就能处处发现有趣的东西。当探险家、科学家不容易,当一名博物学家还是可以的,而且每个人都可以小有收获。在小区和校园中就可以实践博物人生。"

八月,小区东北角那片苍翠繁茂的灌木丛,就深深地吸引了我。每次进出北门,总会不由自主地多看几眼。碰到晨光比较柔和的清早,还会提着相机去拍摄一些画面。因

忍冬科·接骨木属

为,这里居然有大名鼎鼎的接骨草,怎不让我念兹在兹呢?2016年六月底的广西之旅,曾在世界长寿之乡巴马百魔洞百草园里,看到过一株接骨草。当时我还以为,接骨草只能在深山老林里才看得到,不曾想,它就在我们身边。这种植物在园林配置中很少见,估计是某位懂草药的邻居种了一两株,然后开花结果自然繁殖,以至于成片了。

关于接骨草,流传着一个传奇故事。故事出自云南,说哈尼族有个接骨"神医"路巴,某天挥刀砍断了一条可能攻击自己的大蜈蚣,不料,另一条蜈蚣却噙着一种嫩叶片将之接活。他猜想这种叶子可能有接骨功能,便采了很多同种树叶回家做实验。他将碎叶敷在公鸡腿骨骨折处,用布条包扎好,几天之后,鸡腿骨折处果然愈合了。从此,接骨草就被他大量用于接骨治疗之中,疗效非常好。

这个传说有一定的医药学依据。《中国植物志》记载:"(接骨草)为药用植物,可治跌打损伤,有去风湿、通经活血、解毒消炎之功效。"不少药书都有罗列接骨药方。除了药用,接骨草枝叶碧绿,株形优美,生长迅速,很快就可以达到绿化养眼效果,也是一种非常好的观赏性植物。

接骨草和接骨木虽然同科同属,但一个是半灌木或草本,另一个是乔木,比较好辨识,无需赘言。本篇主要说的是接骨草。

首先看其茎和叶,茎具棱角,表面青绿色,有八道浅纵沟,故又名八棱麻。奇数羽状复叶,对生,小叶3—9对,狭

卵形,前端渐尖,基部钝圆,边缘具细锯齿,和溲疏的叶子有点像。

再看其花和果,复伞形花序顶生,大而疏散,一朵花的五个花瓣连在一起,很像一个个白色五角星,五根雄蕊贴花瓣生长,整体看来,洁白素雅,故又被称为珍珠花。其红色浆果,溜圆可爱,晶莹透亮,犹如红宝石散在枝头,故又名珊瑚。

接骨草最奇特之处,是其肉质的不孕性花变成腺体,好像花朵果实之间长出的一个个"小杯子",据说会分泌花蜜吸引昆虫,以实现相邻可育花的传粉。"小杯子"还会变色,初为蜜蜡一样的黄,后来慢慢变至碧绿。植物多为由绿变黄,像这样由黄变绿的,倒非常少见。等到果实成熟之际,一个个绿色的小圈圈和一颗颗红色的小宝石,交相辉映,简直绝配。

诚如刘华杰教授所言,一个人如能将自己居住小区的植物一一辨识出来,那是一件十分了不起的事情,而且也是一件具有无限乐趣的事情。比如某天,突然发现某种只闻其名、未见其实的植物,原来就在身边,会让人有中奖般的惊喜。我就曾在秋葵、鱼腥草、枸杞等小区植物身上,多次体验到了这种愉悦。另外,能够持续近身观察一些植物的发芽、长叶、开花、结果甚至落叶等四季变化,也是充满趣味的。比如赏绣球花之多彩,闻桂花之甜香,看繁缕之短暂一生,以及对接骨草的持续观察,无不让人惊叹植物之美丽和灵性,并从中得到很多启悟。

生活不仅仅在别处,熟悉的地方也会有风景。

鸡矢藤

一位被唐突的清丽佳人

茜草科·鸡矢藤属

鸡矢藤花叶清丽，浑身是宝，既是一味好药材，也是一种好食材，可谓才貌双全、心地纯正，不愧"佳人"之号。可惜，老祖宗偏偏给它取了一个诨名：鸡矢藤。"矢"通"屎"，"鸡矢"就是"鸡屎"的意思。古代文人雅士们编撰《植物名实图考》等草木经典时，估计也觉此名不堪，故稍加润饰，变"鸡屎藤"为"鸡矢藤"，意思不变，但看着不那么扎眼了。

为何如此命名？一个解释是，花叶有鸡屎味，尤其是叶子揉碎之后，味道更为浓烈。耳听为虚，眼见为实。我特地亲自观察体验。雨天、阴天走过鸡矢藤，基本没味道；烈日下靠

近,微微有一股花叶熏味。但正如东坡诗句所言"日暖桑麻光似泼,风来蒿艾气如薰",草木经过暴晒,一般都会有一股味道,不足为奇。揉碎一片叶子,味道确实浓一些,但也只是叶子那种青味,并没有鸡屎那种难闻的味道。所以,如此取名,未免唐突佳人。

鸡矢藤生命力极强,原来主要生长在南方,城市山野常见,近年来逐渐"北伐"。在宁波工程学院东侧、南侧的围栏上,就爬满了鸡矢藤,包玉刚图书馆南边的围墙,以及东方商务中心边上的绿篱,亦可看见此物,山野就更不必说了。另据刘华杰教授观察,北京城内鸡矢藤也常见了。

鸡矢藤花期很长,从6月底开到9月底,能一直开花。花苞1厘米左右,类棉签大小,五个花瓣洁白、褶皱、翻卷,花冠内浅紫色,花筒外面被粉末状柔毛,花冠喉部被绒毛,整朵花就像装满红红葡萄汁的小小磨砂玻璃杯,十分小巧精致。鸡矢藤花量很大,高低错落、星星点点开满绿叶间,十分雅致。

鸡矢藤不仅花叶美丽,也是一味好药材,治疗范围十分广泛。《中国植物志》记载:鸡矢藤"主治风湿筋骨痛、跌打损伤、外伤性疼痛、肝胆及胃肠绞痛、黄疸型肝炎、肠炎、痢疾、消化不良、小儿疳积、肺结核咯血、支气管炎、放射反应引起的白细胞减少症、农药中毒等;外用治皮炎、湿疹、疮疡肿毒"。

鸡矢藤在岭南还是一种绝佳食材,以此为原料的小吃十分畅销。海南省琼海市每年还会举办鸡矢藤粿仔小吃节,鸡矢藤粑仔、鸡矢藤糕、鸡矢藤粿仔都是抢手美味,被誉为"烟韧滑口,分外味香"。此外,人们还会用鸡矢藤嫩叶与蒜头清炒,或者用来焖饭,不但没有臭味,而且有一股草木清香。

对于如此才貌双全、浑身是宝的"清丽佳人",咱们还好意思以"鸡屎"之名唤它吗?我建议在本草纲目"女青"名字基础上,加上"绝世"两个字,就叫作"绝世女青",众位看官以为如何?

杠板归哥哥拎着五色宝石,
刺蓼小妹妹戴着粉色小帽

杠板归

蓼科·蓼属

说起杠板归,农村长大的孩子,少有不认识它的。房前屋后,山野路边,几乎处处可以看见此君身影。除了青藏疆蒙,杠板归几乎全国都有分布。在物质贫乏的年代,它的叶子和果实,就是我们儿时的零食。为防止叶刺扎口,我们会将叶子折叠包好,把刺包在中间,送入口中慢慢咀嚼,酸酸的味道让人久久不能忘怀。杠板归果实也可以吃,吃外面那一层果皮,淡中带点甜,味道比叶子好一些。学习植物志,才知这不是果皮,是肉质花被片。

杠板归全草入药,利水消肿、清热解毒,主治肾炎水肿、百日咳、泻痢、湿疹、疖肿、毒蛇

杠板归

刺蓼

杠板归

刺蓼

咬伤等,是名气很大的草药。但一直不知道,杠板归居然还有一个美丽的小妹妹,叫作刺蓼。或许之前见过,但误认为是同一种植物了。

8月中旬,芝林之行,看到路边到处开着星星点点的小粉花,雅致可爱,忍不住俯身观察和拍照。细看花下的茎叶,居然和杠板归十分相似,这时我有点纳闷,脑海之中怎么没有杠板归会开如此美丽小花的印象呢?

忽然想起,"拈花惹草部落"有人探讨过杠板归和刺蓼之区别,回来查资料,发现果然是刺蓼。它们都是蓼科蓼属植物,出自同一户人家,难怪相似之处如此之多。某次去东钱湖开会,在一个菜园边,发现两种植物生长在一块,正好提供了一个很好的比较鉴别机会。细细观察,它们有三点区别:

一看花朵果实。结合我的日常观察经验和中国植物图像库数据来看,两者最大的区别要点为:杠板归是观果植物,而刺蓼是观花植物。一般人对杠板归印象最深的也就是那五色宝石般的果实，图像库中1221张杠板归图片，60%以上是果实图，其余是茎叶图，白花图片寥寥无几。而284张刺蓼图片中，粉色小花图片超过60%，其余是茎叶图，果实图片似乎只有两张。

二看叶基形状。杠板归的叶子呈盾形，基部平整。而刺蓼叶基部有一个U形缺口，正好将叶柄露了出来。

三看老茎颜色。两者茎嫩时都是绿色的，但等主茎长到一定程度时就能发现，杠板归的老茎还是绿色的，微微带一抹浅红，但是刺蓼却是通体赤红。

一篇读过，可以分清杠板归哥哥和刺蓼妹妹的区别了吗？

秋风飒飒,
无边落木,
草木带来深沉的爱意。

复羽叶栾树

枝生无限景，花满自然秋

九月中旬

无患子科·栾树属

  当下时节，若论最吸引人们眼球的花木，非复羽叶栾树莫属。似乎一夜之间，宁波城市内外的道路、公园、小区，到处可见栾树那灿烂烂开满全树的金黄花枝，以及累累盈树、如小灯笼般的粉色果实。微风过处，花落如雨，一地金黄。停在树下的车，变成了花车。人碰巧路过，头发上，衣服上，还可能带走几朵小巧精致的栾花。

  九月，是栾树的季节。无论是开车、坐公交，还是步行、骑行，无论低头，还是抬头，想不看见它们，都很难。这时候您就会发现，原来宁波的行道树，除了一统天下的香樟，以及逐渐增多的无患子，居然还有这么多栾树。平时，它们翠绿

一片，静静地站在道路的两边，一般人根本不会在意它们是谁。而到了秋意渐浓的九月，它们开始集体爆发，以满树的繁花、奇特的蒴果，向世界宣告着它们的存在。

栾树，无患子科栾树属，和著名水果龙眼、荔枝同科。在宁波，栾树主要有两种，一种是复羽叶栾树，另外一种是它的变种全缘叶栾树，又被称为黄山栾树。顾名思义，两者区别主要在叶子，复羽叶栾树叶缘有锯齿，黄山栾树叶全缘，在树形、花朵、果实上的区别不大，故咱们普通人，实在没必要费心区分，好好欣赏它们的花果就行了。据笔者观察，宁波城内的行道树，还是复羽叶栾树多一些。栾树虽是深根性树种，然生长迅速，且枝叶向上收拢，初栽种之时，遇大风极易倒伏，需费园林部门不少精力去照顾。一旦站稳脚跟，则可无忧了。

栾树也叫"栾华""灯笼树"，前者指栾花灿烂之貌，后者形容栾树奇特之果。无论观花，还是赏果，栾树都有颇值欣赏之处。其花枝广展，大型圆锥花序长可达七十厘米以上，即使高高在上，亦十分耀眼。栾树树形高大，开花之时，满树皆黄，气势极盛，车行道上，宛如一片花海扑面而来，极具震撼力。停下脚步，拾起落花一朵，细细品味，会发现单朵栾花其实也很美丽。四片黄色花瓣反卷于一边，另外半边，则为毛茸茸八枚雄蕊伸出去留了个口子，造型和半边莲有的一比。花冠口还缀有一圈红色，红黄相间，非常美丽。

而栾树的果实，就更有特色了。第一次遇见栾树，是在天宫庄园，当时远远看到树上红红一片，以为是花，及至近前，才发现是果，又疑心岭南杨桃树来到了宁波。后来才知道，这完全是一个美丽的误会。细细比对会发现，人家杨桃是五棱，而栾果只有三棱，杨桃是生绿熟

黄,栾果是生绿熟红。栾花落后,花枝之上,渐渐会长出带棱小果,初为绿色,慢慢长大,颜色渐红,最后一簇一簇似红色小灯笼挂在树上。剥开栾果的外皮,则见果实三四粒,圆如青豆,十分可爱。

顺便说一下,"拈花惹草部落"管理团队之中,有一位博学多才的小玥博士,热情爽朗,乐于助人,昵称就是复羽叶栾树,以此为名,真是太合适她了。更好玩的是,当这篇推文在草木记发出的那天,居然就是她的生日。看来她真是栾树的司花女神,否则怎么会那么巧呢?

绿叶打底,花开金黄,配上红果,三色调和,颜色极美。宁波城观栾树最好的地方,是古老的镇明路,从鼓楼开始,沿着月湖,直到解放路,两旁全是有些年头的高大栾树。这时候的道路,似乎摆上了一桌一桌丰盛的视觉盛宴,让人享受不尽。而那一棵棵开满鲜花的栾树,好似一个个盛装待嫁的新娘,把自己打扮得色彩缤纷、风姿绰约、倾城倾国。每年这个季节,期待看栾花的心情,就好像等候一场盛大的节日,一看不足,再三再四!

油点草

其实一点都不「吵」

九月中旬

百合科 · 油点草属

　　邂逅一种稀见野花,是需要缘分的,尤其是邂逅像油点草这样的山野精灵。虽然花友们戏称其为"有点吵",但它却总是静静藏于深山,若非诚心寻找,的确难得一见。它们可不会像诗人写的那样,开满鲜花,长在我们必经的路上。能够看到它们,也经历了玄德先生一样的三顾茅庐,去了三次山里,才一偿夙愿。

　　油点草是百合科油点草属植物,以花形奇特、结构精巧著称。据说叶子上有斑斑油迹,故名。但我们那时看到的叶子,似乎并无油点。后来才发现,油点多在下部的老叶子上,非常形象。此花盛开时,完全不像典型百合花的样

子,若非亲眼所见,即使想象力再丰富,也不会想到那长满刚毛的毛笔头一样的花苞里,居然蕴藏着如此奇妙的花朵结构。

油点草花分两层,下层是六个白色花被片,点缀着好看的紫色斑点,初放时平展,之后会反卷。一根粗壮的紫色花蕊柱,连着花的上下层,顶端是六根晶莹洁白的雄蕊,伸展下垂,雄蕊之间是裂成三条的雌蕊,雌蕊顶端又有两个分叉,同样点缀着紫色斑点,整朵花看来,既像小丑的裙子,又像静止的喷泉,更像张牙舞爪的倒立章鱼,如此复杂的结构,亦是植物进化的表现,似乎只有朱槿花那根精巧的花蕊柱,或者西番莲那层层叠叠更加精致细巧的花朵结构,可以和它一较高下。造物之神奇,由此可见一斑。

对油点草起念想,源于东道岭岭主 3G 先生,他极喜此花,群昵称即为油点草。平时,经常发油点草图片诱惑大家。于是有了 8 月 28 日东道岭之行,结果连花苞都没有看到一个。9 月 11 日,群友 Emily 从广州来宁波,几位好友陪她再上东道岭,却只看到几个花苞。正当我们不抱希望时,那两天顶风冒雨"刷山"的 3G 先生发来消息:小盘山发现大量油点草。于是胃口又被吊起。

这天正好天气不错,几位同道约齐,一大早赶往东吴镇勤勇村小盘山。在弥陀寺附近,走进了一条开满油点草花的幸福之路。路边,林间,随处可见或盛放,或含苞,或结果的油点草。幸福来得太突然,都不知道该拍哪一朵了!那天不但油点草看饱拍够,还有许多意外收获,品尝了四照果,发现了蘘荷花、南五味子,还看到了大片的鸭跖草。当然最难忘的是,还亲密接触了两条山蚂蟥。要看到美丽风景,不但要付出时间,还要付出一点代价啊。

油
点
草

Tricyrtis macropoda

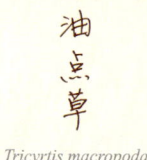

木槿花事与『唯书』意识

九月中旬

木槿,有芙蓉之姿、牡丹之色,花期很长且易栽种,是江南乡村常见的藩篱花木,而在城市里,则更多的是作为观赏花木出现。宁波的小区、公园和路边,几乎处处可见,品种主要为单瓣、重瓣粉色花,其中单瓣是原种,重瓣是园艺品种,白色的很少见。

记得老家的菜园,就是用一排木槿与邻居家的菜园分隔开来的,是开白花的品种。这种白花可以做菜吃,去掉中间的花蕊,洗干净,无论是炒鸡蛋还是放汤,都味道鲜美,爽滑可口。清人吴其濬的《植物名实图考》亦有记载:"江西、湖南种之,以白花者为蔬,滑美。"

锦葵科·木槿属

对于书，不可不信，也不可全信，这道理知易行难。翻开书本，很多书都会提到木槿花的一个独特之处——朝开暮落。台湾学人潘富俊在《诗经植物图鉴》讲《郑风·有女同车》时，认为"舜"就是木槿，"有女同车，颜如舜华"，即比喻女人像木槿花一样美丽，其中的"舜"，即"瞬"，得自于"仅荣一瞬"之意。

清人李渔在其代表作《闲情偶寄》中，专门针对木槿花美丽但易凋的特性，大发了一通感慨，说：

> 不知人之视人，犹花之视花，人以百年为久，花岂不以一日为久乎……使人亦知木槿之为生，至暮必落，则生前死后之事，皆可自为政矣，无如其不能也。此人之不能似花者也。人能作如是观，则木槿一花，当与萱草并树。睹萱草则能忘忧，睹木槿则能知戒。

《本草纲目》则更为彻底，在木槿的释名中列有日及、朝开暮落花、藩篱草等名称。再翻家里其他古今草木书籍，无不如是记载。

但事实真是这样吗？看着那些自夏徂秋满树繁花的木槿，我总有点怀疑，一朵花就那么准时，早上开放，晚上凋谢？如果都是如此，那晚上怎么还有那么多花在树上呢？这说明木槿既有晨开之花，也有午时之花，更有夜放之花，并不是早上同开、傍晚同谢。那么单朵花是不是只有一天之期呢？为了弄清这个问题，我做了个小实验，早上在盛开的花枝上做个记号，晚上回家察看，发现朝开暮落之说纯属虚妄。一朵花最起码可以在枝头开两天以上，我观察的一朵花甚至三天了

还在枝头挂着呢。当然,花最美的是第一天,其后两天有点收拢,但也不至于只有一天之期。

我不敢说李时珍、李渔等先贤的书是错的,也许那时候木槿所处的气候、环境与现在不同,说不定那时候的花就是那样朝开暮落的。但是也不能不怀疑,他们在书写木槿条目的时候,可能并没有亲自观察过,或许只是搬书抄书而已。

而在如今的网络年代,能够花点闲心去亲自做一个名、实对照的人就更少见了,以至于以讹传讹,成了定论。所以,尽信书不如无书,读书还得怀疑和思考,否则自己的脑袋就变成了别人思想、观念的跑马场。

茑萝

袅袅婷婷似小仙

九月中旬

茑萝是一种可人的植物。

首先是名字可人。"茑萝"这两个字，好看又好听，透着中国文字的美感。看到这两个字，自然而然就会联想起清新飘逸、纤巧轻盈的柔柔藤本，因为"萝"字的本意，就是指攀援蔓延的藤本，例如萝藦、紫藤萝、松萝之类，于是就好像来到宝姑娘的蘅芜苑了，那里最多这种藤本植物。而这两个字念起来更动听，"袅娜"和茑萝正好有点谐音，用来形容茑萝的婷婷袅袅、柔美动人最贴切不过了。

《中国植物志》将"茑萝"改成"茑萝松"，但私以为并不妥，尽管《植物名实图考》也是这

旋花科·茑萝属

么叫的,但总有画蛇添足之感。不知这个"松"字何解。估计是指茑萝深裂成线形的细裂叶片像松针。如果这样解,就叫松叶茑萝或者羽叶茑萝也挺好,总比"茑萝松"强。茑萝柔之至,松则刚之至,三个字组在一起,似乎不是很搭,就好比硬要将张飞和林黛玉扯在一起,怎么可能和谐呢?

就外形来讲,茑萝也是一种清新秀美的植物。它的叶子细如羽毛,藤蔓丝丝缠绕,即使不开花,光看叶子,也不会输给以观叶著称的文竹。不论攀在院篱、窗台,还是垂于阳台、墙面,或者挂在树上、吊盆,那深深浅浅的绿,高高低低的叶,延绵不绝的蔓,纤细、轻盈、柔软,足可称之为"动人"。

茑萝的花,更有特色。在种类繁多的各色植物中,花朵最像红五星的,估计就是茑萝了,故民间多将其称为"五角星花",倒也贴切。有时候胡思乱想,世界上关于红五星的设计灵感,会不会来自于它呢?茑萝花柄很长,将花朵从翠绿之中高高举出。这红艳的花朵,便犹如盛满红酒的高脚酒杯,星星点点,亭亭玉立于翠丝中间。微风吹拂,花与叶的舞蹈,如此动人。

在当前开花的藤蔓植物之中,如果说凌霄是热情似火的侠女,那么茑萝就是优雅秀气的小家碧玉了。这位小家碧玉看起来虽然枝细叶小,状似纤弱,但其实生性强健,极易栽培。生长环境只要排水良好,日照充足,并且有足够的生长空间,茑萝就能根茎伸展,发育健壮。

木芙蓉

秋风万里芙蓉国

九月下旬

锦葵科·木槿属

　　芙蓉，非常美好的字眼，看着就喜欢。用来做花名，无论是水中的水芙蓉，还是岸上的木芙蓉，都是极好的。李太白的"清水出芙蓉，天然去雕饰"，把荷花的自然清雅之姿写尽了。苏东坡的"千林扫作一番黄，只有芙蓉独自芳"，则生动刻画了木芙蓉傲霜拒寒、愈开愈妍的潇洒风度。

　　木芙蓉原产我国湖南，故湖南有"芙蓉国"之雅号，现长沙还有个芙蓉区。唐代诗人谭用之《秋宿湘江遇雨》中有"秋风万里芙蓉国，暮雨千家薜荔村"之句，意境之美，令人神往。1961 年，毛泽东写了一首《七律·答友人》，其

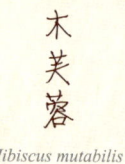

木芙蓉

Hibiscus mutabilis

中有"我欲因之梦寥廓,芙蓉国里尽朝晖",用"芙蓉国"指代三湘大地,抒发了思念家乡、怀念旧友的细腻情感。

说到木芙蓉与城市,不能不提到"蓉城"成都。"蓉城"之由来,著名作家阿来在其著作《草木的理想国》中考证过,有两种说法:一是五代时,后蜀皇帝孟昶的爱妃花蕊夫人偏爱芙蓉花,孟昶即命百姓在城墙上遍植芙蓉树,花开时节,成都"四十里芙蓉如锦绣",故成都又被称为芙蓉城,简称"蓉"。另一种说法为"龟画芙蓉"。成都建城之初,地基不稳,累筑累圮,后来出现神龟引路,其城乃成,而神龟指引的路线恰似一朵芙蓉花,蓉城之名因此而生。阿来说,更多的成都人民接受前一种说法。

曹雪芹也极爱此花。在《红楼梦》里,他用芙蓉花来比喻他最钟爱的两个角色,一个是林黛玉,另一个是晴雯。一般认为晴雯是林黛玉之副,正如袭人是宝钗之副。在"寿怡红群芳开夜宴"的占花名游戏中,黛玉就掣了一个"芙蓉"签,上面的旧诗是:莫怨东风当自嗟。此句出自欧阳修的《再和明妃曲》,上一句是:"红颜胜人多薄命",预示了黛玉的悲剧命运。在其后的情节里,借着一个丫头的胡诌,宝玉对晴雯死后为芙蓉花司花之神深信不疑,特地做了一篇《芙蓉女儿诔》祭奠晴雯。后来黛玉从芙蓉花间走出来,让人恍惚。脂砚斋评曰:"观此知虽诔晴雯,实乃诔黛玉也。"所以,芙蓉花既指晴雯,更指黛玉。

我和芙蓉花颇有渊源。写了200多篇草木记,多属观花赏花、纸上谈花,真正自己栽种过的不多,木芙蓉却是平生手栽的第一种花。家乡芙蓉花极多,房前屋后都是。记得六七岁时,小叔叔告诉我,此花栽种极易,只需斜切树杆,插于土中即可。来年春天,我砍了三小段,

插于院前渠道边,从此有了美丽期待。每日殷勤探望,看着它长出点点嫩芽,看着它一天天长高,看着小枝条长出更多枝条。每一点新变化,都让我欣喜,直到看到花苞展颜,芙蓉花出,心里特有成就感。后来,在院前、渠边,插下了许多芙蓉花,每至花期,小院总是花团锦簇,生机盎然!

木芙蓉分为重瓣和单瓣两种,以重瓣为多,宁波儿童公园、海曙公园里的都是重瓣。单瓣的不多见,但今年却看到三处:首次是在泛太平洋大酒店后墙花坛发现有好几株;国庆去宁波植物园,看到矮矮几丛布置在水边;后来去荪湖,发现湖边多为单瓣木芙蓉。木芙蓉花色鲜艳,花形美丽,单瓣清妍秀丽,具荷花之态,重瓣富贵雍容,有牡丹之韵,真可谓"皎似芙蓉出水,艳似菡萏展瓣",近赏远观,各有所得。

最令我震撼的木芙蓉,却是甬金高速两边的芙蓉。每年国庆返乡,正逢木芙蓉当令之时,花开满树,浅粉深红,连绵不绝。车驰过处,随风而舞,令人倾倒!

石蒜,彼岸花及其他

石蒜

九月下旬

石蒜科·石蒜属

　　说起石蒜,知道它的人不多。但说起彼岸花,或者曼珠沙华,很多人立刻知其所指了。而且不少人都将那种花瓣皱缩、花丝细长、有花无叶、或红或黄的植物,当作彼岸花。

　　但查《中国植物志》《浙江植物志》,包括清人吴其濬的权威著作《植物名实图考》,石蒜根本就没有这样两个别号,只记载了蟑螂花、龙爪花两个别名。龙爪花之名估计是形容其花被裂片强烈皱缩、反卷犹如龙爪,而蟑螂花则不知何意了,难道是表示嫌恶之意?《浙江植物志》说其还有一个"三十六桶"的别名,更令人费解。据说在饥荒年代,常有人刨取球茎

「石蒜」

「石蒜」

食用，但要换三十六桶水，才能洗净其中的有毒成分，故名。

彼岸花之类的名字，多来自异域，一般认为来自日本。因其在国内影响太广，以至于大家只知彼岸花，不知有石蒜。两者其实指同一种植物，彼岸花特指开红花的石蒜，别的石蒜不能叫彼岸花。就好比国人只知"小蛮腰"而不知道"广州塔"，或者宁波人只知有"玉米楼"而不知"郁金香"，这也是很有趣的事情。既然已经约定俗成，估计以后石蒜的别名要加上彼岸花了。

因为石蒜花叶不相见，颜色鲜红，有些人就在石蒜之上附会了很多诡异的传说，比如称其为接引之花、黄泉之花，还有人说彼岸花喜欢生长于坟头，是不祥之花云云。这些基本属于无稽之谈，无科学依据。花叶不相见，在植物中一点也不稀奇，玉兰、梅花、蜡梅、山苍子、檫树等很多花木，都是先花后叶，花叶不相见。至于生境，坟头之说更是以偏概全。野生石蒜主要生长于阴湿山坡、溪沟边或者田埂，而园艺上更是广泛栽培，林下生长良好。我前些日子看到石蒜，两次在鄞江和东钱湖的田埂上，一次在青林湾公园。不过，石蒜全身有毒，对其采取"远观而不亵玩"的态度是必要的。

其实，抛开那些稀奇古怪的传说，石蒜实在是一种颜值很高的植物，值得人们亲近和欣赏。除了红花石蒜，石蒜科石蒜属植物有很多种，《中国植物志》记载的有15种，《浙江植物志》记载浙江有8种，分别是石蒜、稻草石蒜、江苏石蒜、中国石蒜、玫瑰石蒜、短蕊石蒜、鹿葱、换锦花。

和每一种植物的相遇，都是一个值得记录的故事。和石蒜的相遇，缘起于我非常尊敬的林海伦老师。那天，庄主说傍晚要和他一起

玫瑰石蒜

中国石蒜

去"刷山",问我去否,我欣然答应。到了目的地鄞江,才知道这次是专门来看玫瑰石蒜的。玫瑰石蒜是石蒜和换锦花的天然杂交品种,花被片玫瑰红,野生非常少见,据说国内该种植物的分布中心就在宁波。1993年版《浙江植物志》记载的石蒜中,有五种没有采到标本,其中就包括玫瑰石蒜。但这对于林海伦老师都不是问题,《浙江植物志》所记载的石蒜属植物,他在宁波都找到过活体分布,甚至还有该志没有记载的红蓝石蒜。

看过玫瑰石蒜之后不久,"拈花惹草部落"群友Tulip发了一张青林湾公园石蒜正在开花的图片。得知消息之后,我立即抽时间去探访。发现那里不但种植了红花石蒜,还有一种黄色的石蒜,有人说是忽地笑,有人说是中国石蒜。后来通过雄蕊与花被片等长、花被片背后中肋黄色等几个特征,确定为中国石蒜。如果光看中国植物图像库的图片,几乎很难搞清二者的区别,因为差别实在太细微了。同一色系内的石蒜,区别起来确实有点吃力。那天,陪广州群友Emily去东道岭拍花,也发现一种石蒜,我就搞不清是红花还是玫瑰。有时候想,要是石蒜只分为红花石蒜、黄花石蒜和白花石蒜多好,省了多少事!可惜咱不是权威植物分类学家,人微言轻,说了不算,只能好好学习天天向上。

白花败酱

何事攀倒甑，又来多须公

白花败酱

九月下旬

植物的名字，真是千奇百怪。就比如本篇主角之一攀倒甑，即白花败酱，明明是一种开着美丽白花的直立草本，却为何有这样一个稀奇古怪的名字呢？另一位主角多须公，即华泽兰，也是一种开白花的直立小野花，名字相对好理解一些，估计是取其外形而名之。

九月下旬的宁波山野溪边，到处可见它俩的身影。这两种野花，开花季节同时，生长环境相似，叶子有点相近，远远看过去，外形也有些相似，如不注意，还真有可能将二者混淆。以前常常搞不清楚它们到底谁是谁，甚至误以为多须公是飞机草。这次研究清楚之后，就把

败酱科・败酱属

白花败酱

它们放在一起来说说。

攀倒甑之"甑",音赠,字虽不好认,意思一说即明白,就是农村里以前用来蒸饭的类似木桶的器具,我们老家叫作"饭甑"或"甑"。这个植物名比较古老,清人吴其濬的《植物名实图考》中已有记载。这个名字啥意思呢?吴其濬解释说:攀倒甑,湖南土语"攀刀峻"声之转也。又云:《新化县志》作斑刀箭,饲牛易肥。谚云:要牛健,斑刀箭。说了半天,还是没有解释攀倒甑啥意思,还多出来攀刀峻、斑刀箭两个新名字,简直越说越糊涂。

我大胆猜测一下,攀倒甑这个名字,是不是和它的味道有关呢?攀倒甑为败酱科败酱属植物,即白花败酱,学名 *Patrinia villosa*。《中国植物志》曰:"本种根茎及根有陈腐臭味",故名败酱。据说叶子揉碎后也有类似味道。丽水老勿大老师说:"败酱,吃的是嫩叶,我们乡下人叫苦叶菜、苦益菜,烧起来满屋子臭袜子气味,但吃着味道还不错。"据此,我不禁脑补出这样一个场景:很久很久以前,某户穷苦人家,正在蒸这种野菜,准备充饥,但是气味弥漫,臭飘全村。好事者竞相来看,这饭甑里到底蒸啥呢,这么臭?人多手杂,以至于弄倒了饭甑,问此菜为何。无以名之,遂名攀倒甑。

攀倒甑,名字虽不好听,但外形还是比较清丽的。其基生叶和枝生叶有所不同。基生叶丛生,叶片卵状披针形,羽状深裂,小叶片两三对,顶部叶子一片独大,有锯齿。枝生叶则变小变狭,有疏齿或全缘。小枝对生,左右对称,节节往上,整齐有致。白中透绿的小花,开得密密挨挨,组成顶生伞房状聚伞花序,远看好似一片一片白云落在枝头。此物根茎及根可入药,能清热解毒、消肿排脓、活血祛瘀,治慢性

白花败酱

多须公

阑尾炎,疗效极显。山东、江西、浙江等省民间多采摘幼苗嫩叶食用。

这个季节,随处可见的还有一种多须公,这是《中国植物志》中的名字,《浙江植物志》称其为华泽兰,菊科泽兰属植物。这两个名字好理解一些,此物开花时,有几根花丝远远伸出花冠之外,好多小花丝簇聚在一起,看起来好似老公公的白胡子,故名多须公。华泽兰,意指中华泽兰,应该是从拉丁学名 *Eupatorium chinense* 翻译而来,*chinense* 在拉丁文里就是"中华"的意思。多须公全草有毒,以叶为甚,但可外敷以治疗痈肿疮疖、毒蛇咬伤,能消肿止痛。

《中国植物志》中还有一种白头婆,对应《浙江植物志》的泽兰,学名 *Eupatorium japonicum*。爬梳检索表,泽兰和华泽兰的区别,主要是叶柄之有无,华泽兰几无柄,而泽兰叶柄长 1—2 厘米。我们碰到的泽兰,几乎无柄,故确定为华泽兰,即多须公。可《中国植物志》不知为何已将多须公改为白头婆,似乎有将两者合并之意。至于为啥不是飞机草呢?根据植物志记载,飞机草多分布在海南岛及云南省,花的颜色以粉色居多,从总苞里面花的朵数来说,华泽兰只有 5 朵小花,飞机草约有 20 朵小花。

至于攀倒甑和多须公的区别,看叶子确实有点类似,但只要看花朵,就可以轻松区别。攀倒甑的小花,清清爽爽,钟形花冠,花丝略微伸出花冠之外;多须公的小花是管状的,几乎不张开,花丝长长,远远伸出花冠之外,好像白头发或者长白须。清楚了这一点,今后在山野碰到它俩,就再也不会迷惑了。

何首乌

传奇仙草亦平常

十一月上旬

蓼科·何首乌属

何首乌,和人参、灵芝、冬虫夏草一起,并称为中国四大仙草。人参以东北长白山的最好,虫草长在青藏高原,而灵芝非深山老林人迹罕至之处则很难觅得。而何首乌,应该也是机缘殊胜、难得一见的吧?

可在鲁迅先生的《从百草园到三味书屋》里,我们却读到这样的句子:

> 何首乌藤和木莲藤缠络着,木莲有莲房一般的果实,何首乌有臃肿的根。有人说,何首乌根是有像人形的,吃了便可以成仙,我于是常常拔它起来,牵连不断地

拔起来,也曾因此弄坏了泥墙,却从来没有见过有一块根像人样。

初中学课文时,对这一段颇有疑问,怎么他们家院子里就有世外仙草何首乌呢?小时候看电视连续剧《八仙过海》,记得张果老偷吃何首乌成仙的地方,也是在一个前不着村后不着店的偏僻山野之中。何首乌那等神异,岂是轻易可以看到?

9月17日,和3G先生等去鄞州小盘山寻访油点草,他指着弥陀寺前一片开着白花的藤本说,这就是何首乌。我似信非信,匆匆拍了一张图片就走了,也未及细看。

10月24日,在海曙某条河边晨练,忽然看到河边连成一排的好几个花盆里,长出了好些开着繁密小白花的藤本植物,正难解难分地缠绕在迎春花上面,样子看起来很像3G先生说的何首乌。于是手机拍下图片,回来查资料,结果让我震惊,花、叶、藤都对得上,果然就是。这种高大上的神秘仙草,居然就在我们身边!只是平常这种蓼科植物不开花没结果时,我们没有注意而已。

到了周末,带着相机,再去拍摄一些更为清晰的图片。一周过去,不少小白花,已经变成了带着三棱翅的小瘦果,小铃铛一样吊在长长的果柄上,逆光看

起来晶莹通透,颇带一丝仙气。除了何首乌那很像红薯的叶子,这个浅绿色水滴般的小瘦果,就是辨识何首乌的显著特征之一了。

何首乌不像植物的名字,倒像个人名。没错,那确实是一个传说中的人名。查《救荒本草》《本草纲目》等古籍,都有其名字来源的记载:"其药本无名,因何首乌见藤夜交,采服有功,因以采人为名耳。"《本草纲目》还辑录了唐代大思想家李翱写的《何首乌传》,该传详叙了何首乌的爷爷何能嗣服食何首乌改变命运的故事。何首乌到底有什么样的神奇功效呢?多数典籍都有这样的记载:

> 又云其为仙草,五十年者如拳大,号山奴,服之一年,髭发乌黑;一百年如碗大,号山哥,服之一年,颜色红悦;百五十年如盆大,号山伯,服之一年,齿落重生;二百年如斗栲栳大,号山翁,服之一年,颜如童子,行及奔马。三百年如三斗栲栳大,号山精,服之一年,延龄,纯阳之体,久服成地仙;又云其头九数者,服之乃仙。

从这段记录可以看出,何首乌要有神效,最起码也得五十年以上,而平时我们看到的何首乌,怎么可能达到这个标准呢?所以,各位看官没有必要枉费心机到处乱挖乱采,没有神奇效果不说,反倒坑害了好多何首乌的性命。再说了,中医最讲究根据寒热体质对症施药,不是每一种体质都适合何首乌,尤其是肝功能不好的人,更不能服食,否则补药会变成毒药。

对于何首乌,个人建议还是要以平常心待之,将其当作一种普通的藤本植物欣赏欣赏就好,不要异想天开,结果反而自受其害。慎之慎之!

桂花

天香料理一万斛，散作人间八月秋

木犀科·木犀属

金桂

十月上旬

　　无桂不秋。在江南，如果要选一个最能代表秋天意象的植物，我以为排在第一位的，当属桂花。

　　在整个长江流域及以南地区，园林、庭院及各处绿化，桂花几乎成为标配。明代诗人周用诗曰："天香料理一万斛，散作八月人间秋"。每年中秋前后，空气里便弥漫着或浓或淡的桂花香。每次走到金粟满枝的桂树之下，总忍不住停下脚步，闭上眼睛，贪婪地深呼吸，让香气浸润自己的每一个细胞和毛孔，久久不愿离去。

　　世上之花，总有人喜有人厌。但谈到桂花，

似乎没有不喜欢的。其树历史悠久，其香远近皆宜，其花精致可观，其品独特可敬，其味美味可口……几乎我们所有的感官，都能领略桂之美好。

桂之名，来源于其叶脉形状。桂叶侧脉非常独特，近乎平行，与中脉差不多是直角相连了，形如"圭"字，故加"木"为"桂"，当作此物之名。桂花在《中国植物志》里的正名是木犀（Osmanthus fragrans），科属名也是木犀。清人顾张思在其著作《土风录》中曾记载："浙人呼岩桂曰木犀，以木纹理如犀也。"此处之岩桂，亦为桂之别名，因野生桂花多生在山岩之间，故名。所以在阅读古代诗文之时，如果看到木犀、木樨、岩桂之类名词，皆指今之桂花。

桂花最让人津津乐道的，是其独特香气。若依品种论，金桂最香，丹桂次之，银桂、四季桂又次之。清代余姚人高士奇在其著作《北墅抱瓮录》中，有一段话说得非常好："凡花之香者，或清或浓，不能两兼，惟桂花清可涤尘，浓能透远，一丛开花，邻墙别院，莫不闻之。"

南宋大词人辛弃疾《清平乐》词曰："大都一点宫黄，人间直恁芬芳。怕是九天风露，染教世界都香。"稼轩先生很好奇，为什么桂花只有那么一点点大，却那么香呢？难道是来自天上的风露，让整个世界都香起来吗？而北宋诗人邓肃对桂香的赞誉十分霸气："清芬一日来天阙，世上龙涎不敢香。"据传龙涎为世间最香之物，但在桂香面前，它也不敢逞强了。

桂花虽小，却颇值一观。其花簇生于叶腋，每腋内有花多朵，组成聚伞花序。含苞之时，像一粒粒粟米，藏在如云的碧叶之间，南宋诗人范成大形容为"纤纤绿裹排金粟，何处能容九里香"。打开之后，可见

255

花瓣四个,或乳白,或淡黄,或橙黄,均肥厚可爱。花冠中央,是雄蕊的两个花药,花丝短到看不见,而雌蕊就更小了,不用放大镜,几乎看不见。李清照用"暗淡轻黄体性柔,情疏迹远只香留"来形容桂花,非常贴切。大儒朱熹的"叶密千层绿,花开万点黄",说的是桂花盛放之时的景象,满树满枝,一片金黄,十分壮观。

因花开中秋前后,桂花和月亮之间,自然而然有了很多传说和故事。比如吴刚伐桂,传说他学仙有过,被责罚在月宫伐树,但此桂随创随合,不知砍到什么时候是个尽头。而最浪漫的传说,是桂子来自月宫,所以才会如此之香。宋之问名作《灵隐寺》之"桂子月中落,天香云外飘",即为记录此事。

《杭州府志》也言之凿凿:"月桂峰在武林山(月桂峰为灵隐寺旁的一座小山,武林山即灵隐山)。宋僧遵式序云:天圣辛卯秋八月十五夜,月有浓华,云无纤翳,天降灵实。其繁如雨,其大如豆,其圆如珠,其色有白者黄者黑者,壳如芡实,味辛。识者曰,此月中桂子。好事者播种林下,一种即活。"现实中的桂子,我家楼下就有,两头小中间大的坛形,比豆大,也不圆,初时绿色,熟时黑紫色,和传说略有不同。

作为我国传统名花,历朝历代咏桂之作多如牛毛,其数量估计仅次于梅、菊、荷等几种名花。成书于战国末期的《吕氏春秋》,就赞称"物之美者,招摇之桂",说招摇山的桂树是最美好的东西。陈与义《微雨中赏月桂独酌》:"人间跌宕简斋老,天下风流月桂花。一壶不觉丛边尽,暮雨霏霏欲湿鸦",放荡不羁、痴迷月桂之简斋先生自画像跃然纸上;杨万里《凝露堂木犀》:"梦骑白凤上青空,径度银河入月宫。身

金桂

丹桂

银桂

在广寒香世界,觉来帘外木犀风",格局开阔,想象奇特,有着庄生梦蝶之迷幻浪漫。而朱淑真的"弹压西风擅众芳,十分秋色为谁忙。一枝淡贮书窗下,人与花心各自香",是我最喜欢的咏桂之句。

　　天下桂花,当以杭州为最。如前所述,月宫中落下的桂子,落地之处就在灵隐寺。而柳永的"三秋桂子,十里荷花",几乎成了美好人间天堂的代名词,传闻金主完颜亮十分喜欢,反复吟咏,继而对杭州羡慕不已,遂令起鞭渡江,发兵南侵。这却是柳三变始料未及的。杭州有满觉陇,在西湖之南,为南高峰与白鹤峰夹峙的山谷,自明代开始即为杭州桂花最盛之地,有桂7000多株,许多桂树树龄长达200多年,"满陇桂雨"为金秋游杭州必去之著名一景。"山寺月中寻桂子,郡亭枕上看潮头。何日更重游?"在白居易的杭州忆之中,也是少不了桂花的。

　　作为桂花兴盛地之一,宁波也有几处地方值得一提。

　　余姚梁弄有"五桂楼",建于清嘉庆十二年(1807年),是诸生黄澄量的藏书楼,聚书五万余卷,有"浙东第二藏书楼"之称。黄氏上代有兄弟五人,同科中举,故称"五桂楼"。其典故即来自"蟾宫折桂"之传说,古人以"折桂"来形容科举高中,故"五桂楼"之名,无疑承载着黄氏家族的辉煌和荣耀。

　　福泉山茶园,有八百年老桂树,干分六枝,独木成林,需四人才能合抱。每次"刷山"东道岭路过,在树下歇息时,总要向这株主干沧桑遒劲却依然枝繁叶茂的神树行注目礼。《中国植物志》还记载有一种宁波木犀,这是为数不多以宁波命名的植物之一,我尚未见过,很期待能有机会偶遇。

喜树

草木中的吉祥之宝

十月下旬

蓝果树科·喜树属

初次看到喜树那刺猬球般的绿果,还是小时候,那时便奇怪这种树的果实为何会如此奇特。那球上一个个攒聚在一起的小翅果,真像一根根小香蕉,可惜不能吃。幼时的我,对这种不能当食物吃、不能当药材卖的东西,并无兴趣深究,看过就忘,没有放在心上。这个名字,还是几年前翻一本植物书时才偶然看到的。名、实一对照,会心一笑,原来小时候见过的这玩意儿,叫作喜树。

为何叫作喜树呢?查遍线上线下的资料,均没有明确解释。最早记录喜树的文献,是清人吴其濬 1848 年刻印的《植物名实图考》,书

中叫作"旱莲木",取其果实似莲蓬之意,插图很清晰,看果、叶即知,古之旱莲木为今之喜树。1873年,法国植物学家Joseph Decaisne在庐山发现喜树,并为其定名。虽无处核查他何以如此命名,但名字吉祥喜庆之寓意是可以肯定的。

因为名字寓意美好,再加上喜树树干高大通直,树冠宽广,枝叶浓密,在园林或者绿化植物中就成为喜悦的代表,深受人们的喜爱。秋天去金峨寺游玩,一进大门,迎面就看见一棵高大的喜树,硕果累累,喜迎四方信众。这一布置,就是"开门见喜"之意。平时开车或者走在以喜树为行道树的路上,就是"抬头见喜"了。喜树还可以与合欢配置在一起,意为欢欢喜喜、欢天喜地。

喜树不仅名字好听,还是中国特有之一宝。它和享誉世界的活化石"鸽子树"珙桐是亲戚,都属于蓝果树科植物,也有写作紫树科的,

喜
树

Camptotheca acuminata

且都是我国特有的单种属,即一属只有一种的独苗植物。蓝果树科一共三属:珙桐属,只有珙桐一种;喜树属,也只有喜树一种;蓝果树属多一些,在我国有七种。野生喜树在长江流域及南方各省均有分布,四川分布最多,但现在野生喜树十分稀见、踪迹难寻。1999年我国已将喜树列为第一批国家重点保护野生植物,保护级别2级,限制出口。

喜树不仅名字好听,外形美观,物种稀有,还有巨大的药用价值,是植物当中不可多得的宝贝。科学研究表明,喜树全株都含有一种重要的抗癌成分——喜树碱,国内外已有运用。

在宁波城,看喜树有几个好地方,其中栽植最多的,似乎是鄞州区的贸城路,万达广场和华茂外国语学校之间这条长长的路上,行道树全是喜树。天港禧悦酒店西侧的行道树也是喜树,我第一次在宁波看到喜树就在此处。在海曙西门口,中山西路与马园路交叉口的郎官大厦前,也有三棵喜树,两棵大一点,一棵小一点,旁边还有不少自播生长起来的小喜树。对喜树有兴趣的,不妨抽空去这些地方看看吉祥之宝吧!

大吴风草

大风起兮一片黄

十一月上旬

十一月上旬,时序进入深秋,是菊科的天下。

走进宁波山野,放眼四望,到处都是菊科野花尽情绽放。白中略紫的三脉紫菀,是最常见的,大片大片开在山路两边的林下、崖面,间或有一丛丛黄色的千里光、野菊点缀其中。再仔细看看,或许还能看见陀螺紫菀,一种比三脉紫菀花朵更大、颜色更紫、苞片排列似陀螺的野菊花,沿着枝条一直长开去,常常把自己开成一条条美丽的花棒。这些美丽的野菊,把山野打扮得似锦如霞,美丽迷人。

而在城里,当季最常见的,则莫过于大吴风草了。姚江边上,海曙公园,南环高架之下,到处

菊科·大吴风草属

可见其独特的身影。大吴风草最突出之处,是它们的叶子,马蹄形、硕大如荷叶的圆叶片,和菊科植物常见的叶形差别太大。所以它们不开花的时候,怎么也不会想到这是菊科之一种,常有人会将其与冬瓜叶或者南瓜叶联系起来,有时还幻想着那翠绿丛中,会不会结出大冬瓜或者大南瓜呢。及至开花,一根根粗壮的花柄之上,拥簇着一团团金黄色的典型菊科花朵。这才知道,哦,原来这也是一种菊花!

看到大吴风草这个名字,总是会很莫名地想起刘邦的《大风歌》:"大风起兮云飞扬,威加海内兮归故乡,安得猛士兮守四方!"故顺手就写下了"大风起兮一片黄"这个标题,意为秋风乍起之时,大吴风草一片金黄。

大吴风草之名从何而来呢?查了很多资料,包括吴其濬的《植物名实图考》、陈淏子的《花镜》等著作,均未查到相关记载。

后来闲翻《本草纲目》,发现了"薇衔"条目之下还有麋衔、鹿衔、吴风草、无心、无颠等很多别名。其下两条集解值得重视:一是苏恭曰:"南人谓之吴风草。一名鹿衔草,言鹿有疾,衔此草即瘥也。此草丛生,似茺蔚及白头翁,其叶有毛,赤茎。又有大、小二种:楚人谓大者为大吴风草,小者为小吴风草。"二是李时珍引郦道元《水经注》云:"魏兴锡山多生薇衔草,有风不偃,无风独摇。则吴风亦当作无风,乃通。"

引文中,苏恭明确提到了大吴风草的名字,但他说大吴风草似茺蔚,又有点不通,茺蔚即今之益母草,大吴风草叶大,莲座状基生,而益母草叶狭,逐节上长,二者形态差异巨大,怎么会类似呢?至于郦道元的观点,似有理,又无理,前一句说到锡山,即属吴地,后面一句描

述大吴风草之姿态，为何"无风独摇"又成为"吴风"之名字了？似也很难理解。《中国植物志》亦未收录"薇衔"之名，估计专家未认可"薇衔"即大吴风草。

《中国植物志》条目下还有一句话吸引了我的目光："本种早在1856年就由Fortune从我国清朝政府的花园中引至英国栽培，并选出了一些栽培品种。"这个Fortune是何许人？读完了萨拉·罗斯的《茶叶大盗》和福琼本人的《两访中国茶乡》两本书，才知道此人可是一个改变世界历史的超级经济间谍。此人全名罗伯特·福琼，曾受东印度公司差遣，先后潜入中国茶叶核心产区安徽松萝山和福建武夷山，盗取无数优质茶种，并成功引种至印度加尔各答和斯里兰卡，还将制茶工艺和技术完整复制过去。印度茶叶由此崛起，而中国在世界茶叶贸易中的份额，由绝对垄断地位的92%，一路下跌至6%。中国茶叶贸易和鸦片贸易之间的平衡被打破，经济入不敷出，国力由此衰弱。大吴风草居然和茶叶大盗福琼也有关系，真是让人惊异！

紫花香薷

山间最美的那一把牙刷

十一月上旬

唇形科·香薷属

草木之花，可谓千奇百怪，像鸟，像兽，像器物，似乎什么形状的都有。比如，有像猴脸的猴面小龙兰，像凌空飞鸭的飞鸭兰，像展翅白鹭的鹭草，而最让人叹为观止的，是意大利红门兰，看起来就像一个个戴着草帽的裸体男人，所以又被称为裸男兰。

这几种或许难得一见，也有一些常见的，比如长得像仙鹤的鹤望兰，像红瓶刷的串钱柳，像一颗破碎之心的荷包牡丹……

唇形科香薷属植物紫花香薷，也是一种蛮有意思的植物。有趣之处在于它的花序，远远看去很像一把紫色的大牙刷。牙刷头部分，是

| 紫花香薷 |

| 香薷 |

其枝生或顶生的穗状花序。花序之上，生长着一排整齐有序的小紫花，并且这些花都朝着同一个方向，而四根雄蕊和雌蕊的花柱，都长长地伸出花冠之外，看起来就像牙刷的毛。造物主之奇妙，让人不得不佩服。

根据《浙江植物志》记载，香薷属植物在浙江省共有5种，其中紫花香薷、香薷和海州香薷，都有花朵偏向一侧的特点，其中香薷排列整齐细密一点，紫花和海州排列略显疏松。有网友开玩笑说，香薷更像刚买来的牙刷，其他两个，则是用了好几个月要扔掉的牙刷。这说法倒也十分贴切。

紫花香薷一般生于海拔200—1200米的地方，生境为山坡灌丛中、林下、溪旁及河边草地。我国长江流域、岭南皆有分布。我在鄞州小盘山、宁海东海云顶、象山蒙顶山，以及四明山国家森林公园等不同地方都拍到过紫花香薷，可见它们在宁波分布之广。

10月至11月正是紫花香薷的盛花期，前段时间"刷山"，几乎到处可以看见它们有趣的身影。时序进入阳历12月，紫花香薷的花期已到尾声了，如果这时候抓紧时间去山野踏秋，或许还能遇见几把好刷子呢！

银杏流金

不可辜负的超级视觉盛宴

十一月下旬

银杏科·银杏属

　　自从搬到宁波城西，对这边的风物开始熟悉起来。月湖的琼花、镇明路的栾树、望京路的香樟树，还有中山公园的蜡梅树……而这个季节，最让人念念不忘的，则是中山公园的那几棵古银杏树。

　　自鼓楼出北门，有一个类似凯旋门的高大建筑，穿过这个门楼，就是中山公园。进公园，就可以看到池塘西岸那四棵大银杏树。这些大树，树皮深裂，主干粗壮，枝繁叶茂，高大伟岸，远远超出周边其他树木，越发显得卓尔不凡。按照公园落成时间 1929 年计算，它们矗立于此已近九十年，如果再加上移栽之前的生

长时间,真可谓百年银杏了。

鼓楼和中山公园之间有一条公园路,是日常上班必经之路。每次路过,都会远远地向这四棵银杏树行注目礼,看它们何时披上一身绿裳,看它们何时在季节变换里忽然满树流金,生怕错过它们一年之中最辉煌、最动人的季节。

哪怕同在一个城市,生长的地方不同,树的大小不同,银杏叶子变黄的时间也不同。这几棵银杏树的叶子,什么时候会变黄呢?我默默等候一次美的约会。

一个周六早晨,阳光灿烂,蓝天辽远,路过公园路,习惯性地望过去,发现那几棵银杏居然已经满树金黄了,欣喜异常,立即拿着相机,奔进公园。绕着这四棵树,寻找不同的角度,或逆光,让树叶被阳光点亮,或仰拍,欣赏树的伟岸,或跑到池塘对岸,拍下它们美丽的倒影,再拍一些小品,展现银杏的细节之美,留下它们最动人的时刻。

银杏树叶变黄之后,凋落特别快。所以,看银杏,要趁早;否则,又要等待一年。

银
杏

Ginkgo biloba

传奇之树无患子

十一月下旬

无患子科·无患子属

说到无患子,大家可能比较陌生,可它的同科兄弟荔枝、桂圆,就人尽皆知了,甚至另一种同科植物复羽叶栾树,知道的人也更多一些。深入了解一下科属长无患子的历史,就会发现,这也是一种传奇植物。

首先,奇在名字。和六道木一样,这也是一种与佛有缘的植物。在印度,无患子被称为"阿瑟迦柴",有一部专门的《佛说木患子经》,是非常罕见的以植物为名的佛经。无患子名字的来源有两种说法:一是说无患子木做成的木棒,可以驱魔打鬼,故曰无患。另一说是无患子坚硬的果核可做成佛珠,是"十八菩提

子"之一,佩戴在身上,可以辟邪消灾,带来吉祥,故名之。

传奇之二,是无患子的功效。虽然无患子不像荔枝、桂圆那样好吃,但在肥皂以及合成洗涤剂发明之前,无患子的成熟果肉果皮,就是村民们的天然洗涤剂。故中国的不少村庄总栽有几棵无患子树备用。记得我外婆家也有一棵,小时候我就经常去外婆家捡无患子玩。李时珍《本草纲目》还记载,用无患子洗头可以去头屑,洗脸可以美白。我小时候试过用它洗手洗衣服,洗头洗脸倒没试过,好事者可以尝试一下。

在香樟树几乎一统天下的宁波城,有一条路的行道树居然全是无患子树,也可以算得上一个传奇吧!海曙公园西边的高塘路两边,全是有些年头的无患子树,高大健壮,树形优美,夏天浓荫满路,深秋叶色金黄,据说是唯一可以与银杏媲美的彩色树种。原甬港饭店靠近百丈路,广德湖北路等地,也有一排排无患子树,只是树形略小、气势不足。

到了无患子树黄肥绿瘦的季节,一开始有些树还是黄绿相间,没过多久,无患子树叶会黄透。蓝天之下,金叶满树,把一条高塘路装点得秋意盎然、美不胜收。

宁波有几条以植物命名的特色路,比如槐树路、樟树街,突然想到,高塘路是不是可称为无患路呢?无患,意为平安、吉祥,多么好的寓意!

無患子

Sapindus mukorossi

梧桐叶落，天下知秋

梧桐

十一月下旬

梧桐，又名青桐，是中国传统文化中的一个重要意象。

梧桐之名，出自古老的典籍《诗经》。《诗经·大雅·卷阿》云："凤凰鸣矣，于彼高冈；梧桐生矣，于彼朝阳。"说的是神鸟凤凰，非梧桐不栖，意表祥瑞。白居易《云居寺孤桐》："一株青玉立，千叶绿云委……四面无附枝，中心有通理。"这是香山居士做人当如梧桐一般高洁通透的夫子之道。

在词作中，梧桐几乎成了表达寂寞、悲秋、别离等情绪的标配。如温庭筠的"梧桐树，三更雨，不道离情正苦。一叶叶，一声声，空阶滴

梧桐科·梧桐属

〖梧桐〗

〖法国梧桐〗

〖泡桐〗

到明",苏东坡的"缺月挂疏桐,漏断人初静",李易安的"梧桐更兼细雨,到黄昏,点点滴滴",李煜的"寂寞梧桐深院锁清秋"等等,都是人们耳熟能详的名句。

到了现代,梧桐却成为一笔糊涂账。很多人在谈论梧桐时,经常张冠李戴,最常见的是误把悬铃木科悬铃木属的法国梧桐,当作咱中国的梧桐。其实,三球悬铃木才是法国梧桐的大名,还有一球、二球悬铃木,分别指美国梧桐、英国梧桐。从科属来说,这些外国货和梧桐科梧桐属的中国梧桐,没有一点关系。当年民国政府实在太喜欢这种植物了,以至于法国梧桐鸠占鹊巢遍布中国,而我们自己传统文化中的梧桐,却少有人知道。如今,很多城市要看梧桐树,只能去一些老宅古院,才能一睹其清影。

还容易跟梧桐混淆的是泡桐,此树因被焦裕禄用来治沙而闻名于世,兰考因此而成为"中国泡桐之乡"。泡桐属于玄参科泡桐属植物,南北皆有,宁波的城市、乡野到处可见泡桐美丽的身影。

梧桐、法国梧桐、泡桐,三树虽皆有"桐"之名,却非同种植物。它们之间辨识起来也比较简单。中国梧桐笔直高挑,树皮青色光滑,故又称青桐,栽在院落显得非常舒朗清逸。法国梧桐有小球一样的果实,树干粗壮,树皮块状剥落,颇有历史沧桑感。泡桐最大的特色,是先花后叶,开花时满树繁花,极其壮观美丽。

自从搬到城西,三"桐"都会齐了。每天上下班,都要经过甬江大桥西侧的一棵大泡桐树,它总是如老友般目送着我来来去去。小区附近的西湾路,行道树全是梧桐树,是宁波颇具特色的景观之路,给了我一个很好的近距离观察梧桐的机会,于是经常端着相机在树下逡巡。而海曙鼓楼附近的行道树，女儿上学必走的卖鱼路等，多法国梧桐，都是些上了年头的大树，颇有历史感。

深秋初冬早晨，送女儿上学，走在卖鱼路边的法国梧桐树下，秋叶总会飘然而下，手掌一样的美丽叶片，随意地落在路上、车上、绿化上，意境之美，令人感叹。女儿和我很有共鸣，她常说："我也好喜欢看法国梧桐叶落，它们飘落在地上的样子真好看，如果车轮压过树叶，让它们平平整整地贴在地上，就更好看了！"

winter

十二月—二月

冬日生机

冬雪飘飘,
岁序枯荣,
草木带来无限的憧憬。

池杉树色已如火,四明湖畔景无边

十二月中旬

四明湖的池杉,碎碎念三四年,却一再错过最好的观赏时间。十二月十日,终于如愿以偿,和天一书话的一帮老友,在它们最美的时候,来到它们身边。

为了不错过最好的光线,起了一个大早,我们七点多就到达最佳观赏位置——梁弄镇横路村。这个时节,池杉叶色已变橙红,远远划出一道美丽的天际线。河湖相接的水面,我们期许的一层薄雾,正氤氲其上,太阳也恰到好处地露了一个小脸。天色不错,心情很好,一帮老朋友,嘻嘻哈哈之间,就拍了三个小时。四明山池杉之旅,我们均表示:已经心满意足!

杉科·落羽杉属

这些天，甬城当地各新闻移动端、公众号上也开始频频出现那片池杉林的各类推文，文字优美，图片精良，尤其是一组航拍图片，更是拍得五彩缤纷，梦幻如画，异常动人。遗憾的是，大多数人误认其为"水杉"，还有人望树生义，呼为"红杉林"。不知道植物的名字，虽然并不妨碍对美好的欣赏，但细读那些文字，感觉好似一封精心准备的情书，却寄错了对象，有"表错情"之憾。

红杉林之称谓，有专指，不能随便乱用。红杉一般指北美红杉，杉科北美红杉属，是一种原产北美的著名树种。它们高可达110米，胸围可达8米，树龄可达3000岁，是世界上最高最长寿的树种之一。红杉在我国栽培不多，据说当年尼克松访华时，曾赠送给中国三棵，后来落地于杭州植物园。据《浙江植物志》记载，宁波、温州、舟山均有引种。

池杉，杉科落羽杉属，原产北美，和我国的水杉一样，也是古老的孑遗植物，曾广泛分布于北半球。毁灭性的第四纪冰川之后，仅美国的弗吉尼亚州南部至墨西哥湾沿海平原低湿地和池沼地区，还保存着天然池杉林。

池杉于1917年引进中国，因为生长迅速、树形优美，是湿生环境的优良树种，全国很多地方均有栽种，我曾在武汉东湖、深圳仙湖等地见过。在浙江，池杉也很常见。宁波四明山森林公园仰天湖、深秀湖和三溪浦水库、宁波植物园等很多地方都有栽种。而四明湖这片，面积最大，景致最美，知名度最高。

从远处看，池杉和水杉外形相似，颜色变化也基本一致，一般人确实很难辨识。它们最大的区别，在于叶子的形状。池杉"叶钻形，

微内曲,在枝上螺旋状伸展";水杉叶条形,在小枝上对生成两列。水杉作为中国国宝,秉持中国文化精神,不偏不倚,不但叶子是整整齐齐对生,连有些小枝都是对生的。而池杉是美国国宝,秉持美国人的个人主义自由精神,叶子都像是风吹乱发的样子,呈现出一种凌乱美。

  水杉和池杉,都有一定的耐湿性,但程度不一。水杉虽然名字中有个"水"字,但是它只能短暂泡在水中,故一般植于道路两侧或者小区里。在宁波城内很多老小区、公园所见的秋冬变色大树,多为水杉。相对而言,池杉可以更长时间地长在水中,一般配置于湖泊、水库等边上,作为水上森林景观设计的一部分。

  不少人好奇,为什么池杉不会被淹死呢?这与池杉的基因有关,它们的天然林本来就在这样的环境下生长,经过长期演化,形成了一整套适应湿水环境的特殊机制。就像长在潮汐滩涂之间的红树林一样,它们都是有智慧的植物。

我们普通人在外形上可以直接分辨的,主要有两点：

一是池杉的根部膨大,细胞间隙增大,皮孔肥大,通气性比较好。这种构造,既可以将树木很好地固定在泥涂之中,还可以通过依附于树干北侧或者潜伏于纵裂树皮内的一些气生根,帮助它们在水中顺畅呼吸。

二是可以看到它们奇特的"童子拜观音"的现象。在池杉根部,会长出一圈高矮不等的屈膝状呼吸根,初次看到的人还可能吃一惊,不知道这是什么。其实这些呼吸根作用很大,它们就像《水浒传》里阮小二所用的芦苇管一样,可以帮助池杉的根部长期潜水,而不至于闷死。研究者认为,其"根膝"除了呼吸、通气,还有一定的固着和贮藏养分等作用。

构树

城市植物最大在野党

十二月中旬

桑科·构属

如果甬城城区植物也分党派的话,香樟树毫无疑问是宁波植物界的执政党。无论城市行道树,还是园林绿化品种,正如大家所见,香樟树显然占据了各大要津。

但只要留意一下那些不起眼的道路旁、河岸边、小桥头、荒芜地,甚至土地裸露的小角落,你就会发现,或一丛丛,或一棵棵,或团成灌木,或长成高大乔木,几乎到处都能看到构树的身影。

它们那变化多端、造型独特的树叶,成了树木之中最为奇特的存在。在同一棵树上,叶子有全缘,有三股叉一样深裂的,也有只裂一

个口子的,而这个口子,有裂左边,也有裂右边,天知道它们的叶子会有多少种形状？无论如何,构树或郁郁青青,或绿树浓荫,几乎触目即是。说它们是城市植物的在野党领袖,一点也不为过。

别看如今的构树在城市中几乎无人认识,但在历史上,构树却赫赫有名,是与桑、麻齐名的著名经济植物。

构树浑身都是宝。蔡伦当年造纸,以及制造徽州宣纸,构树皮都是重要材料,因纸质坚韧,古时还用来做纸币,称为"楮币"。构树果实可以酿酒,做蜜饯。构树嫩叶是猪羊喜食的好饲料。树皮流出来的白色乳液,用来涂擦患脚气、牛皮癣等的部位,据说疗效特别好,有痼疾者可以一试。所以,当网上看到"构树扶贫"是全国扶贫办十大精品扶贫工程之一时,我一点不感觉奇怪了。

构树与我有缘,曾在办公室插种一株虎皮海棠,盆边忽然长出一株小苗,不识何物,想是天意,就让它们物竞天择吧。后来,海棠不见了,小苗倒是茁壮成长,现在已经与我比肩矣！后来才知道这是构树,再稍微留心一下周边,发现构树居然无处不在。

构树生命力极其旺盛,它不择地之肥瘠,不挑环境之好坏,亦不必人们施肥浇水,殷勤照看。只要有机会,它们就顽强生长、积极向上,哪怕是墙缝之中,也能长出一棵来。不由让人佩服其坚忍。

在城市的许多拆迁地块,构树不知什么时候就会成片成片长出来,不出三五年,已俨然成大树矣！有时候胡思乱想,如果人类因为某种原因离开了城市,城市说不定就成了构树的领地呢！

构树

Broussonetia papyrifera

轻舞飞扬萝藦果

一月上旬

冬天里,无边落木萧萧下,各种果实挂上来。看惯了红花绿叶,静心细赏枝头黄、褐、黑、灰等各色干果,倒也让人感觉心平气和,就像人生到了中老年,自有另外一番气象。这是一种历经万丈红尘之后的澄心静虑,饱经风霜磨砺之后的春华秋实。2017年,新认识的第一种植物,就是这样一种不起眼却很好玩的萝藦干果。

那天中午,和朋友在城西耕泽园小聚。园门前,有一个堆放石料的小田院,田中荒草丛生,荻花在风中摇曳,牵牛花的果实已经裂开。忽然,一种藤蔓植物的纺锤形果实吸引了

萝藦科·萝藦属

我。如果不是尖端吐出的那一缕银丝，我还怀疑那可能是干枯的苦瓜。到底是什么呢？尽管不认识，还是走过去拍了几张图片存档。晚上回家查书，很快就查到了它的名字，原来它就是萝藦的果实。

萝藦，萝藦科萝藦属多年生草质缠绕藤本，还有婆婆针线包、羊角、天浆壳、蔓藤草、浆罐头、奶浆藤等别称。这些外号，多形容其果实的形状，或者描述其果实拧开会流出白色乳汁状液体的特质。萝藦花叶皆美。心形的叶子对生，大而绿；花朵白中带紫，毛茸茸的，小而美。萝藦在《诗经》之中也称芄兰，出自《诗经·国风·卫风》。有人说这是一首爱情诗，表达了女孩埋怨对方表面上看着是个成年人，却不懂得自己，不知道疼爱自己，属于私房情话。另一种解释说，这是人民讽刺统治者装腔作势，德不称其位。而我更相信前者。

闲来无事，又回到现场，正好细细把玩萝藦果。轻轻一扯那银丝，居然牵二连三带出毛茸茸的一团。原来那纺

锤形的果壳里，满满一瓢全是和银丝连在一起的瓜子般的种子。抓起一把，往空中轻轻一扔，颗颗种子带着银色小降落伞，像蒲公英一样四处飞行，飘飘荡荡、轻轻柔柔地降落在植物上、草地上、树枝上。微风吹来，那开裂果壳里的小绒花，也会接二连三地被吹出来，四处飘扬，把种子带向四方，完成繁殖后代的使命。

　　我一个人童心大发，玩得非常高兴，拍了好多，扔了好多，吹了好多，觉得这比蒲公英好玩多了。只可惜，女儿没有一起来，如果她在现场，一定会比我还喜欢。于是摘了三四个带回家。等她写完作业，立刻喊她来玩。女儿果然十分高兴，在窗口兴奋地吹着，玩着，三四个萝藦，一下子吹光了。看着一片片小精灵般的萝藦种子飘飘荡荡往下降，我不禁心生神往：来年春天，小区花坛里，会不会爬满萝藦呢？

蛇床与野胡萝卜

只需三招便轻松辨识

蛇床

一月上旬

蛇床（伞形科·蛇床属）

野胡萝卜（伞形科·胡萝卜属）

中饭后，总喜欢去单位附近的儿童公园及周边绿化带转转。既可助消化，又可观察身边草木四季之变化，或许还能认识一些新物种。这种饭后散步，真是一举两得的赏心乐事。

一个周五的中午，一如往常，顺着桑田路绿化带，步行去儿童公园。其时，小寒已过，风吹过来，还是那么暖暖的。边走边低头检视着路边的小花小草，一小丛一小丛的黄鹌菜，正纤纤玉立于风中，有的小黄花开得秀秀气气，有的已结出了小蒲公英般的小绒球，正成熟待飞。野茼蒿、钻叶紫菀似乎一年四季都在开花。春天才看得到的球序卷耳、长萼堇菜、碎米荠，此时也糊里糊涂地开起花来,一切都是那么生机勃勃的样子。

自南门进儿童公园。一株粉花满树的美人茶,正开得热热闹闹。顺着人工湖随意闲逛,走过摩天轮,顺坡而下,往中塘河走,在一个栽着大吴风草幼苗的花坛里,忽然就看见了这株清清秀秀的小植物。叶子深裂成细细碎碎的样子,五六个伞面上,有的密密开着小白碎花,有的还含着苞,苞上还带点紫色,非常惹人怜爱。

忽然之间,有点迷糊,这到底是野胡萝卜(*Daucus carota*),还是蛇床(*Cnidium monnieri*),或是芫荽(*Coriandrum sativum*)?伞形科植物,似乎长得都差不多,没细细观察过,还真认不出来。

先摘了一小片叶子,揉碎了,放在鼻间闻闻,并没有嗅到香菜那熟悉的味道,芫荽便可以排除了。至于是蛇床还是野胡萝卜,还得回去细细研究。拍好花、叶、茎和植株的照片,便打道回府了。记得8月份在北仑春晓洋沙山,也拍过类似植物,正好拿出来比较一下。细读《中国植物志》,巧了,洋沙山这个,正好是野胡萝卜。比较着来辨识二者,就容易多了。发现只需三招,即可轻松拿下。

第一招,看总苞片形状。野胡萝卜总苞有多数苞片,呈叶状,羽状分裂,少有不裂的,裂片线形,伞轴下面,好像伸着一把把三股叉。而蛇床总苞片6—10片,线形至线状披针形,不分叉,长约5毫米,边缘膜质,具细睫毛。

第二招,看茎上是否有粗硬毛。蛇床和野胡萝卜的茎,表面均具深条棱。但蛇床茎上无毛,而野胡萝卜全体有白色粗硬毛。那天,在50米远的地方,恰好看到一丛还在地上匍匐的野胡萝卜,茎上毛茸茸的,特征非常明显。打一个不恰当的比喻,野胡萝卜就好像浑身是毛

— 蛇床 —

— 野胡萝卜 —

的猛男,蛇床就是个干净清爽的小美女。

第三招,看植株高矮。野胡萝卜高,蛇床矮。蛇床为一年生草本,植株高度在10—60厘米之间,大多在膝盖以下。而野胡萝卜是两年生草本,最高可达120厘米,都超半人高了。估计这种未经驯化的野生家伙,所有的营养都用来长身体和繁殖了,不像家种的胡萝卜,将大部分的精力,花在长块根上,地上部分一般都比较矮小。

另外,按照《中国植物志》的记载,蛇床几乎广布全国,而野胡萝卜似乎只在长江流域及以南的地方有分布。这似乎也可以成为南北方区别蛇床和野胡萝卜的一个补充标准。至于是否准确,还请各地朋友验证。

蛇床子,是一味著名的传统中草药,有燥湿、杀虫止痒、壮阳之效,可治皮肤湿疹、阴道滴虫、肾虚阳痿等症。《本草纲目》《植物名实图考》和《救荒本草》等古籍均有记载,尤以本草最为详细。关于名字之来源,李时珍曰:"蛇虺(音huǐ,毒蛇之一种)喜卧于下食其子,故有蛇床、蛇粟诸名。"不知这个判断属实否。如果当真,夏日在野外看见蛇床,还得避而远之了,万一下面真有蛇呢?

蛇床花期,本在4—7月,而现在才1月份居然就开花了,估计也是暖冬带来的混乱影响之一。不过,却给了我一个近距离观察的机会,冬天看蛇床,还是安全的,难道,它真是上天派来的吗?

南天竹

南方的小家碧玉

一月上旬

植物的名称，蕴含着丰富的信息，或叙其历史来源，如波斯婆婆纳、法国梧桐；或形容其样貌，如狗尾草、鸡冠花；或讲其功用，如益母草、溲疏；还有很多表示植物科属，如后缀有豆、菊、决明等字眼的植物；有些名字带菜的，一般是可以吃的，比如荠菜、泥胡菜等等。知道了植物的名字，就好比有了一把钥匙，可以打开通往该植物所有信息的大门。

南天竹，小檗科南天竹属植物。释名一下，就是适合在南方露天越冬生长、挺拔如竹的一种秀气植物。这个竹，不是那高大的毛竹，而是长不大的野山竹。也有人叫它南天竺，这是

小檗科·南天竹属

以讹传讹,南天竹和古印度一点关系也没有,是原产于我国和日本的传统植物。

南天竹还有两个古名。一个是天竹,李渔《闲情偶寄》中就发了一通感慨:"竹无花而以夹竹桃代之,竹不实而以天竹补之,皆是可以不必然而强为蛇足之事。然蛇足之形自天生之,人亦不尽任咎也。"另一个古名是蓝田竹,出自元代集贤殿大学士李衎的《竹谱》,这一名字,主要源于果实形状,南天竹花谢果成,结子如豌豆,色碧如玉,取蓝田种玉之义,故名。或许南天竺之称,是从这里讹传出去的。

就如同很多名字带"竹"而非竹的植物,如兰科的竹叶兰、罗汉松科的竹柏、百合科的玉竹、竹芋科的竹芋。南天竹之有"竹"之名,除了茎干劲秀挺拔且有节,形同竹枝,最主要的原因是其叶和竹相类似,也是纸质披针形。但是,南天竹结构更复杂一些,三回奇数羽状复叶,小枝对生,复叶也是对生,二至三回羽片对生,至秋冬季节,叶子则会变得微红,颇为雅致。

寒风渐紧,南天竹果实慢慢变红,及至隆冬时节,则红如丹砂,周正饱满,圆润光洁,成簇生于红叶或碧叶之间,耀人眼目。老单位地下车库入口处隔离带种的植物,也是南天竹。冬天总是挂果累累,红彤彤一片,每次进出车库,总不免要多看几眼。在萧瑟的季节里,这些红果好似一团火焰,照得人心里暖暖的。

因为果叶太美,常常会忽略南天竹的花。南天竹大约四五月份开花,也挺有特色,白色的花苞,基部偶有一抹微红,盛放时,那六枚花丝极短、花药却很大的黄色雄蕊,特别吸引人的目光,那六个洁白的花瓣倒几乎都看不见了。看来南天竹仅靠雄蕊,就足以吸引那些传粉

南天竹

Nandina domestica

者的注意力了。

　　南天竹清雅秀气,生长节制,无论地栽、盆栽还是制作插花,都是极好的材料。此物特别适合布置在古宅、园林或寺院之中。我曾在天童寺、五桂楼等地见过它,翠绿的枝叶,正红的簇果,和瓦当、老墙甚或飞檐翘角搭配在一起,是如此相得益彰。我曾在乌镇茅盾故居,看到一株先生手植于1934年的南天竹,八十多年过去了,依然枝干繁密,长势喜人,目测最多也就三米高。所以说南天竹是南方的小家碧玉,还是比较合适的。

　　十二月,正是它们观果最好的时候,如果碰巧来一场大雪,红白映照,尤其动人。

枇杷花开白如雪

一月上旬

冬季开花的植物不多,茶花、蜡梅、梅花之外,也就是枇杷了。

枇杷是蔷薇科枇杷属植物,因叶似琵琶形状,取其谐音而得名。枇杷是一种神奇的植物,具有"秋萌冬花春实夏熟"的特点,因而"备四时之气,他物无以类者"。

枇杷可采果,又具观赏价值,是宁波城市小区常见绿化树。住江东时,上班步行路过甬港新村,看到小区里那几棵高大的枇杷树开花结果好几年了。宁波工程学院操场边的胜丰小区,也有几株一人高左右的枇杷树。坦率地说,枇杷花并不起眼,花苞铁锈色,类伞状花

蔷薇科·枇杷属

序。只有当花瓣从毛茸茸的土灰色花苞绽出来时,那白玉般的花瓣,才算有了几分姿色。

枇杷全身都是宝。果实自不待言,可谓中华传统名果。宁海县一市镇有白枇杷,皮薄肉多核小味甜,鲜果上市季节,还会专门举办枇杷节以示宣传庆祝。白枇杷很贵,记得有一次花120多元买了一盒,打开一数,只有16颗。枇杷叶也是一味好药,平时咳嗽喝的枇杷露,就有枇杷叶的成分。

某次在耕泽园和朋友小聚,发现他们带了白枇杷叶芽茶,细看配料表,主要由绿茶、白枇杷叶芽和重瓣红玫瑰花瓣组成。此茶味道不错,具有清肺润喉之功效,颇为流行。枇杷花也可制茶,价格很昂贵,报纸上说最高卖到三万元一斤,着实让人惊诧。所以,果农选择种枇杷树,算是一项比较经济的选择。

只是不知为何,小区里的那些枇杷,个小,味道也一般。要是小区里种的也是这样的白枇杷,不知会怎样?

黄鹌菜

天涯何处不逢君?

二月上旬

　　菊科所有开黄花的植物中,最常见的估计就是黄鹌菜了。地不论南北,境不别城乡,时不分四季,在草坪、路边、石缝,或公园、寺庙、老宅,到处可见此君叶片绿油油、花葶俊俏俏、小花黄澄澄的美丽身影。

　　解一下黄鹌菜的名字,就会发现古人命名的妙处。黄者,黄花也,说明此物开舌状黄色小花;鹌者,鹌鹑也,和雀一样,为鸟之小者,常用来指代物之细小,比如雀舌草,黄鹌菜亦同;菜者,可食也,说明黄鹌菜为野菜之一种,在我国历史上最早的以救荒、食用为目的的明朝专著《救荒本草》之中,黄鹌菜赫然在列。

所以概括起来,黄鹌菜就是一种开着黄花、植株比较细小并且可食用的植物。

黄鹌菜的辨识要点,主要在叶子和花。叶子提琴状羽裂,上半部浅裂,下半部深裂,细细看,全部侧裂片边缘还有小尖头。叶子碧绿碧绿的,似乎很可口的样子,每次路边草坪看到,总忍不住想要摘一把拿回家炒了吃,但终究没有下手。

和蒲公英一葶一花不同,黄鹌菜常常是一葶数花,或者花葶多有分枝。因为生长环境不同,黄鹌菜个子有高有矮,矮的只能长到十几厘米,而高的可以超过一米多。与此相适应,矮小的不分枝,只是在花葶顶部聚生五六朵小黄花而已。那些高大的,或者养分比较充足的,可能下部就有长分枝,或者花葶中部以上会分出很多枝枝丫丫。枝丫的顶端,都是小黄花,看起来星星点点,满眼嫩黄,非常可爱。

我一直很好奇,黄鹌菜为何分布如此广泛呢?可以确定的一点是,它们的生命力极强,到处都能生长,甚至在砖

头、水泥缝隙之中都能长出来,而且一年四季开花结子,几乎没有看到它们休息的时候,可谓"花界劳模"。如此生命不止,繁殖不息,那带着降落伞的小种子,还不飞遍全国?

另外一点,是在翻阅《植物名实图考》相关条目时推测出来的。作者吴其濬指出:"此草与荠苣齐生,而味肥俱不如,彼为膏粱,此为草芥矣!翦以饲鹅,盖鸡鹜不与争也。"原来黄鹌菜味道太差,不说人不肯去摘食,连鸡鸭都没有什么兴趣去和鹅抢食。假设它们都如同荠菜那么美味,被人类喜欢上,估计要找到它们就没那么容易了。

上天生物,各尽其能。黄鹌菜叶碧花黄,生机勃勃,既可观叶,又能赏花,装点着这个世界,尽管味道一般,却一样惹人怜爱,并且值得我们尊敬!

乌桕

微霜未落已先红

二月中旬

乌桕,大戟科乌桕属植物,是江南地区与枫香齐名的红叶之树。

乌桕之美,最美在叶。其叶片很有特点,菱形或菱状卵形,就好像两张拉满的弓,沿着中脉拼接在一起。细细一看,还微微有点不对称,叶子的顶部,收成了一个小尾巴尖,非常可爱。

平常时候,乌桕一身翠绿,在夏日浓荫之时,一点也不起眼。到了秋冬,乌桕才显示出它们的与众不同。在气温、昼夜温差、光照和水分等因素的综合作用下,叶内的花青素与叶绿素的比例,开始发生变化,叶子慢慢呈现出

不同的面貌。有的绿中带点黄就落叶了,有的同一株树上的叶子会变成五颜六色。而最让人津津乐道的,则是乌桕变得鲜红如血之时,好似秋冬季节的一把火,点亮了附近的山野地头。

关于桕叶之美,笠翁先生在《闲情偶寄》之中有一段描述非常到位。他说:"草之以叶为花者,翠云、老少年是也;木之以叶为花者,枫与桕是也。枫之丹,桕之赤,皆为秋色之最浓。"知堂先生在《两株树》中,也曾提到他最喜欢的两种树。一种是北方的白杨,他觉得白杨叶那如雨声淅沥般的瑟瑟响声,是别的树所没有的妙处。另一种就是南方的乌桕树,桕叶之美,桕实之白,皆为其所喜,旁征博引,情之切切,写得非常有意思。

在宁波城,我遇到过三棵乌桕树。两棵在宁波工程学院翠柏校区,还有一棵在香格里拉大酒店东侧的绿化带。总期待能在近边拍到几张"乌桕赤于枫"的美图,无奈,从夏至冬,我殷勤观察了大半年,却一直未能如愿。眼巴巴地望着这三棵树落光了最后一片叶子,也未见其树叶变红。难道是因为城区的"热岛效应",树叶之中的花青素未能充分产生?

宁波山野村间,乌桕树虽少见,却也遇见过几株。十一月的某天在象山东谷湖开会,正等车回城之际,忽然发现岸边有两株小乌桕树,临水而生。植株虽幼小,却叶似丹霞,橙红透亮,让人惊艳。溪口镇通往雪窦寺妙高台的沿途,也有不少乌桕树,好几次开车路过,明明看到树上已经红绿间杂了,无奈山路陡而狭,终究不敢冒险停车拍照。还有一个地方有乌桕树,就是亭下湖水库的坝边码头,岸边长有两三株,树形不大,叶色却会变化,是一个拍乌桕叶的好地方。

乌
桕

Sapium sebiferum

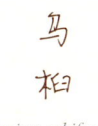

除了叶子,乌桕的果实也非常有特色。关于乌桕之名,李时珍曰:乌喜食其子,因以名之。桕实刚刚长出时是绿色的,后来慢慢变黑,直至有一天,外壳突然裂成三瓣,露出雪白的假种皮。当木叶尽脱,外壳剥落,满树只剩下雪白点点之时,好似白梅初绽,非常好看。《随园诗话》主人袁枚曾经记载:

> 余冬月山行,见桕子离离,误认梅蕊;将欲赋诗,偶读江岷山太守诗云:"偶看桕子梢头白,疑是江梅小着花。"杭堇浦诗云:"千林乌桕都离壳,便作梅花一路看。"是此景被人说矣。

乌桕的白色假种皮不仅好看,还非常有用,用它榨出的油脂,可制肥皂、蜡烛。近日读福琼的《两访中国茶乡》,其中就记载了清朝时期的舟山人用乌桕籽榨取桕脂的方法。先用饭甑一样的木桶,隔水将桕籽蒸熟,使白色这层变软,然后在石臼之中轻轻捣舂,让皮和籽分离,最后使用榨菜籽油的方法,将皮中的桕脂榨出来,再加上别的原料,就可以制作蜡烛了。据说这种桕脂蜡烛,明亮而无烟,质量比其他原料制成的蜡烛要高出几筹。

自那天从象山回来之后,一直想着,亭下湖那几株乌桕,是不是同样"微霜未落已先红"呢?于是某天清晨,心血来潮起了一个大早,在微雨蒙蒙之中,驱车60多公里前往探望。到了坝边,但见远山云雾缭绕,湖水微澜,天地一片宁静,桕叶虽未红透,却也如霞似锦,美艳异常。

女贞

负霜葱翠,振柯凌风

六月中旬

木犀科·女贞属

第一次知道女贞,是读高中时,母校新干中学植有不少女贞树。当时,只是对此树树名有点好奇,不知何解。再后来,异地求学、工作,也经常看到女贞树,却从未动过心思深究此树。在常绿树多如牛毛的江南,仅从外形来看,女贞特色不是特别明显,一般人很难将它们从冬青、桂树、杜英、石楠等常绿树中区别出来。

一日,走过单位大楼东侧的那几棵女贞树下,不经意抬头,又见满树女贞子,一簇簇,一串串,果实多得好像一层紫雾笼罩在绿叶之上。这些果子到底有什么用?女贞到底是啥意思?不查不知道,一查吓一跳。原来我们

身边看似很普通的女贞,居然是一种很了不起的树,不仅历史底蕴深厚,经济效益可观,而且女贞子还是一味上品妙药。

最早记录女贞的典籍,是《神农本草经》,这是我国现存最早的药物学重要文献,据说成书于秦汉时期。这说明女贞入药在中国已有几千年历史了。晋苏彦有《女贞颂》序云:"女贞之木,一名冬青。负霜葱翠,振柯凌风。故清士钦其质,而贞女慕其名。或树之于云堂,或植之于阶庭。"李时珍《本草纲目》也有类似说法:"此木凌冬青翠,有贞守之操,故以贞女状之。《琴操》载鲁有处女见女贞木而作歌者,即此也。"由此可见,女贞之名,多用来形容其树形端庄、经冬不凋、四季青翠之品格特性。

从经济价值来说,女贞树可谓全身都是宝。《中国植物志》记载:女贞"种子油可制肥皂;花可提取芳香油;果含淀粉,可供酿酒或制酱油;枝、叶上放养白蜡虫,能生产白蜡,蜡可供工业及医药用;果入药称女贞子,为强壮剂;叶药用,具有解热镇痛的功效;植株并可作丁香、桂花的砧木或行道树"。种种效用之中,我对女贞适合放养白蜡虫最感兴趣,《本草纲目》和《植物名实图考》都提及此点,故女贞有别号曰"蜡树"。

虫白蜡属世界珍稀特产,在全世界所有动物蜡、植物蜡、矿物蜡和合成蜡中,虫白蜡有"蜡中之王"的美誉,可广泛运用于航天、军工、医药、化妆品等领域。曾经有一部纪录片《白蜡传奇》,讲述了白蜡虫求偶、交配、繁殖和泌蜡的过程,以及"中国白蜡之乡"峨眉山区蜡农如何养虫、制蜡的故事。情节设计得非常有趣,画面拍摄得也很美。白蜡树或女贞树那肥厚的叶片,就是白蜡虫最美味的食物,估计只有

吃了这样独特的叶子,它们才能分泌出上等的虫白蜡来。

女贞子还是一味上品妙药。《神农本草经》把药分为三品:无毒的称上品为君,毒性小的称中品为臣,毒性剧烈的称下品为佐使。《神农本草经》认为:"女贞实乃上品无毒妙药,补中,安五脏,养精神,除百病。久服,肥健轻身不老。"李时珍在此基础上有所发展,认为女贞还可"强阴,健腰膝,变白发,明目"。

抛开底蕴和功用不说,女贞树其实也是一种非常好的园林树种。其干笔直,高大健壮,树形优美;其叶革质,叶厚而柔长,四季碧绿;其花极繁,花开时节,满树如雪。春末夏初,是女贞属植物开花的季节,那时候的宁波城,到处芬芳四溢,女贞和小蜡、小叶女贞等本属小姐妹一起,成为当时季节一道最亮丽的风景线。

深山含笑

白衣飘飘恍若仙

二月中旬

木兰科·含笑属

　　不论什么事物的名字，总含有很多密码，能够从中获得很多信息。植物之命名，也有其自身规律，或状其外貌，如野老鹳草；或论其功用，如溲疏；或形容其某些特性，如拉拉藤；或是外来词音译，如希茉莉，译自学名 *Hamelia*，等等。所以，我看到一种植物，总是喜欢深究其名字之由来。深山含笑亦然。看到"深山含笑"四个字，会想到什么呢？幽居空谷的绝代佳人？蒲松龄笔下的美丽狐仙？亦或孙行者棒下的白骨精？

　　设想一下，当你独自在深山里行走，前不着村，后不着店，突然一位美丽的女子飘然而

至,对你嫣然一笑,此时此刻,是感觉幸福、兴奋,还是恐惧呢?但是,如果你在山中看到一树繁花,洁白似雪,幽香阵阵,恍若遗世而独立,估计恐惧俱消,美感、喜悦要多一些吧!在山间,草木如美人,还是可以接受的,但美人似草木,则有点让人忐忑了。

　　第一次看见深山含笑,是在东钱湖马山湿地南边的山坳里。某年二三月间去那游玩,忽然看见一簇簇的白花,摇曳于绿叶之间。近旁细看,叶子很大,叶革质,上面深绿,下面灰绿,被白粉。此花形状大小,极像白玉兰,花期也相近,但又为何四季常绿,花叶同树?此花芳香扑鼻,闻起来像黄兰白兰,木笔般含苞的样子也近似,但黄兰白兰花瓣却没那么大,这到底是何物呢？后来读林捷的《璜山那些花儿》，才知道这就是深山含笑，疑问一下子获得了答案，真是得来全不费功夫！

  光从字面上看，深山含笑的名字不是很好理解，因为它与常见的那种半开时如樱桃小嘴一样的含笑很不一样。根据《中国植物志》所载，"深山"估计是指它"生于海拔 600—1500 米的密林中"，"含笑"是它的属名。从花形来说，还是"光叶白兰花"这个名字比较形象一些。它有另一个名字"莫夫人含笑花"，只是不知道这位莫夫人是哪位夫人了。去年跟着三哥去鄞州小盘山看油点草时，发现那边山里也有不少深山含笑，已经果实累累了，不知道是野生的，还是栽培的。

  二月下旬，上下班路过琴桥，车中瞥见桥西北侧的公园里，那一片深山含笑又是一年白花满树，似乎比马山湿地那些还要繁盛。它们从高山来到城市，"在山泉水清，出山依旧清"。虽然每天处在车水马龙的万丈红尘之中，却依然不改空谷佳人本色，白衣飘飘，圣洁似雪，笑看人世繁华！

蜡梅

非腊亦非梅

二月中旬

蜡梅科・蜡梅属

  冬日里最引人注目的植物，除了红梅，当属蜡梅。宁波中山公园北侧，有两丛老梅树，枝干遒劲，冠叶如盖，估计是 1929 年公园初建时所植。数一数，有一丛居然有 25 棵以上聚生在一起，着实令人惊叹！蜡梅盛放时节，开得遮天蔽日，香得肆无忌惮。

  蜡梅，蜡梅科蜡梅属，是中国特有的珍贵花木，原产于中部的秦岭、大巴山、武当山一带，在湖北神农架发现有大面积的野生蜡梅林。蜡梅的叶子为长圆状披针形，表面摸起来手感颇为粗糙。花期比梅稍早，有时候当年叶还没有掉光，就开始着花了，花叶混在一起，影

响欣赏效果。但随着天气变冷，基本上就剩下花了，这时才是蜡梅最美的时候。尤其是蓝天之下，再配上那一树娇黄，简直美得动人心魄。

宋代诗人王十朋有《蜡梅》诗一首："蝶采花成蜡，还将蜡染花。一经坡谷眼，名字压群葩。"诗中的"坡谷"即指苏东坡、黄山谷（黄庭坚），意思是经过这两位大诗人的宣扬，蜡梅花才得以冠压群芳。

蜡梅最大的特色就是花瓣"色黄似蜡"，故宋朝很多吟咏蜡梅的诗人，都在"蜡"字上做文章。比如王安国《黄梅花》："莫教莺过毛无色，已觉蜂归蜡有香。"陆游《荀秀才送蜡梅十枝，奇甚，为赋此诗》："色疑初割蜂脾蜜，影欲平欺鹤膝枝。"王十朋《蜡梅》："非蜡复非梅，梅将蜡染腮。游蜂见还讶，疑自蜜中来。"

李时珍在《本草纲目》之中说："此物本非梅类，因其与梅同时，香又相近，色似蜜蜡，故得此名。"明末清初著名文化人李渔在《闲情偶寄》里说："蜡梅者，梅之别种，殆亦共姓而通谱者欤？然而有此令德，亦乐与联宗。"

到了清朝，"蜡"和"腊"开始混淆了。清人陈淏子《花镜》的记载中可以很清楚地看出来："蜡梅，俗作'腊梅'，名'黄梅'，本非梅类，因其与梅同

蜡
梅

Chimonanthus praecox

放,其香又相近,色似蜜蜡,且腊月开放,故有是名。"

由此可见:一是虽然蜡梅花香与梅类似,但蜡梅和梅花并非同类。梅花属于蔷薇科李属植物,而蜡梅属于是蜡梅科蜡梅属的植物。二是蜡梅之得名,在其花瓣色似蜜蜡,故称蜡梅。

通过以上考证,我们可以非常清楚地看到,蜡梅之蜡,为蜂蜡之蜡,而非腊月之腊。但是后人不明所以,以讹传讹,最后倒是真假难辨了,以至于商务印书馆《现代汉语词典》(1997年修订版)词条之中也是用腊月的"腊"。《现代汉语词典》(第6版)则有了变化,"腊梅"词条,释意为:同"蜡梅",而具体解释,则在"蜡梅"词条里面。

以上对"蜡梅"词源梳理考证,纯属学术游戏,对于赏花人来说,倒也不必费劲较真,只要知道那花很香、很美、很雅、很净,那就足够了!

梅

香中别有韵,清极不知寒

宫粉梅　二月中旬

蔷薇科·杏属

　　诗圣杜甫有云:"梅蕊腊前破,梅花年后多。"时序进入二月中下旬,宁波城内城外,处处梅香阵阵,梅影重重,出门俱是赏梅人。

　　梅花作为国花之第一大热门候选者,深受国人喜爱,赏梅之风自古至今连绵不绝。此风之盛,与古代文人的推波助澜不无关系。元人郭豫亨有一段议论,十分精当。他说:

　　　　《离骚》遍撷香草,独不及梅。六代及唐,渐有赋咏,而偶然寄意,视之亦与诸花等。自北宋林逋诸人递相矜重"暗香疏影""半树横枝"之句,作者始别立品题。

宫粉梅

南宋以来，遂以咏梅为诗家一大公案。江湖诗人，无论爱梅与否，无不借梅以自重。凡别号及斋馆之名，多带"梅"字，以求附于雅人。

"咏梅为诗家一大公案"出现在南宋，与当时宋室南迁不无关系。梅花主产于江浙之地，如杭州、南京等都是赏梅胜地。政治中心南移，带来了文人集团南移，而梅花凌寒独开、清雅俊逸的独特品性，又颇为士人所喜。上有好者，下必甚焉，赏梅之风愈演愈烈，就不足为奇了。

南宋大诗人范成大，著有中国第一部梅花专著《梅谱》，其著作开篇即写道："梅，天下尤物，无问智贤愚不肖，莫敢有异议。学圃之士必先种梅，且不厌多。他花有无多少，皆不系轻重。"今日之园林，梅花亦成为标配，不但每个公园都有梅花，甚至鄞州区好多道路绿化都运用了宫粉梅。梅花虽颇有泛滥之势，却也方便了我们欣赏。

梅花品种之多，令人惊讶，仅通过国际登录的品种即已达400多种。按梅花院士陈俊愉的分类方案，梅花共分为十一个品种群，分别是：单瓣品种群（江梅品种群）、玉蝶品种群、宫粉品种群、黄香品种群、绿萼品种群、跳枝品种群（洒金品种群）、朱砂品种群、垂枝品种群、龙游品种群，以及杏梅品种群和美人品种群。这一分类方案实在令我等植物小白头晕。若不去植物园一一细细对照鉴别，一时半会儿，怕是很难弄清楚。

就我在宁波城区日常所见，似乎也就三四种，愚以为，咱们赏花之人知道这几种，也差不多了。毕竟赏梅以闻香、观形、品风骨为主，太纠结于分类，反倒不美。现就自己所知所见，一一列举，有兴趣者可以对照。如有错误，还请方家指教。

绿萼梅

江梅

宫粉梅

绿萼梅。这是最好认的,萼片绿色,花瓣白色,小枝绿色,单瓣或重瓣。"梅格已孤高,绿萼更幽绝。"此梅白中透绿,清雅高洁,是我最喜的品种。宁波儿童公园有一大片可赏。

江梅。这个也比较好认,萼片绛紫,花瓣洁白,单瓣。范成大曰:"江梅,遗核野生,不经栽接者,又名直脚梅,或谓之野梅。"古人吟咏白梅者,如"梅须逊雪三分白""遥知不是雪,为有暗香来"之类,多为此种。月湖公园、鄞州公园等甬城各大公园皆有配置,是最常见的梅花品种。还有一种最仙的玉蝶梅,也是花瓣白色、花萼绛紫,但与江梅单瓣不同,为复瓣或重瓣。此花花蕾有时尖端呈浅红色,盛开之后又慢慢淡成白色,非常神奇,然而我在宁波城区并未见过。

宫粉梅。萼片绛紫,花瓣呈或深或浅之粉红色,复瓣或重瓣皆有。宫粉梅和朱砂梅合称红梅,两者较难区分。区别在于朱砂梅枝内新生木质部淡暗紫色,宫粉梅黄白色或绿白色。朱砂梅在宁波城区似乎也没见到过,宫粉梅却是宁波城最常见的品种,和江梅一红一白,搭配正好。

美人茶

风姿绰约迎春来

二月下旬

笠翁先生李渔对于山茶花,看来是真爱。他在《闲情偶寄》中写道:

> 此花也者,具松柏之骨,挟桃李之姿,历春夏秋冬如一日,殆草木而神仙者乎?……得此花一二本,可抵群花数十本。

我们身边常见的山茶科山茶属植物之中,大体可以分为茶梅和山茶两种。茶梅年前开,山茶节后秀。茶梅开花最早,花期很长,可以从11月开到次年2月,有一股淡淡的香味。但茶梅开得太浓烈,花量之大几近于泛滥,满树只见红

山茶科·山茶属

花,感觉红绿比例大大失调。而典型的山茶花,美则美矣,花期却在3—4月,基本上算春花了,算不得具有傲霜斗雪的"松柏之骨"。

单体红山茶(*Camellia uraku*),又称美人茶,则兼具了茶梅和山茶之长。其花期,几乎和茶梅等同,自秋末而初春,历严寒霜雪,愈开愈妍,等到春花绽放之时,才悄然隐退。其花朵娇小,只有普通茶花的一半左右大,是典型的小家碧玉。其颜色,桃红或粉红,而以粉红最为常见,是小公主最喜欢的色彩。其花量虽大,但因花朵小巧精致,且花开含蓄,半含半舒,在寒风中偶然瞥见,总让人眼前一亮,颇觉惊艳!

看过不少关于单体红山茶的文章,有些对"单体"存在误解。比如有的将"单体"两字解读为只有雌蕊,或者只有雄蕊。其实,只要细细观察一下美人茶的花朵,就会发现,雄蕊、雌蕊、花萼、苞片、花瓣,花朵的所有形态,它们无一不备,绝对是一个完全花。估计那些文章的作者并没有留心观察过,以至

美人茶

Camellia uraku

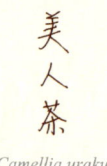

于以讹传讹。

此处"单体"到底是什么意思呢？请教了不少专家，也没有完全弄清楚。据说遗传学上有"单体"概念，也有"单倍体"概念，前者指比正常个体少一条染色体，但也可以繁殖后代，后者据说只有正常个体一半的染色体，属于高度不育，不能产生后代，故需人工以无性繁殖的方式来传宗接代。根据《浙江植物志》的描述，美人茶虽然也有淡黄色花药，但是"极少结子"。据此判断，此处"单体"之含义，倾向于"单倍体"概念。

美人茶在宁波园林中运用非常普遍，随处可见其风姿绰约的身影。儿童公园南门左侧见过一株，平时午休散步时，经常要在花下停驻一会儿。西门口望京路近中山西路的中间绿化带，植有一排美人茶，每天上班路上，在此等候红绿灯时，都要摇下车窗，向"美人"们行注目礼。那天，和庄主、银杏等群友一起，跟着徐老师逛宁波植物园，看到了很多临水而居的"美人"，繁花满树，风姿迷人，秋麟和三哥连连惊呼，钻进花丛，拍个不停，半天不见人出来。

虽然美人茶为人工育种而成，被戏称为"绝代佳人"，但那些重瓣的山茶花，又有几种没有经过人工干预呢？所以，无论从花期、花色，还是品种来说，我以为，最当得起笠翁先生"草木而神仙者"赞誉的，也就是美人茶了！

后记

这是我的第一本书,是一本"无心"之作,也是一本"用心"之作。

喜欢草木,纯属天性。跟着草木,走过四季,几度花开花落,写下的草木文章居然已聚沙成塔。回望来时路,既感慨时光的力量,也感恩草木之路上相遇的许多人。

宁波植物"活字典、活地图"林海伦老师,是我草木之路上的良师益友。他时不我待、立志摸清宁波植物"家底"的责任感,他坚韧不拔、持之以恒的专业精神,以及他爽朗健谈、幽默风趣的性格,无不感染和鼓舞着我。跟他一起"刷山",和他一起聊天,都是一种享受。这次,他又拨冗作序,着实让我感动不已。

互联网为人与人之间以兴趣爱好结盟提供了极大便利,也让我结束了孤军奋战的历史,找到了盟友和组织。2015年11月11日,"小山草木记"微信公众号开通。两年来,7200多位订阅户持续不断的点赞、评论、打赏和转发,给了我无穷的教益和启发,也给了我强劲的信心和动力,让我义无反顾地将草木之路进行到底。叶鸿星老师是我草木之路上的坚定支持者，他不仅关注我的每一篇推文，还将我引入植物社群"浙江园林"。群内的饱学之士应烈杭老师不时以诗歌鼓励我写作，人文园林的陈煜初老师热心指点之余，还惠赠其著作给我，而浙江大学的沈朝东老师不仅有问必答，还帮我修改过不少文章。他们的指点和帮助，都让我十分感佩，且铭记于心。

近两年来，让我进步最大，并给予我持续启发的，是专业植物社群"拈花惹草部落"。这个社群成立于 2015 年 11 月 23 日，由 31 位痴迷草木且热心奉献的好友与我一起打理。在大家的共同努力下，部落已经成为同类社群中最活跃、最好玩、最纯粹的一个，500 位来自全国各地的志趣相投者，在这里热烈交流着草木、昆虫、蝴蝶乃至博物学等各方面的话题，让我每天都能学到许多新鲜有趣的知识。

令我意外的是，我的这些草木文字，引起了一些媒体的关注。吴华清、梅子满老师热情邀我在"甬派"上开设《甬城草木记》专栏；《花园》杂志的许琳菲老师不嫌鄙陋，让我为该杂志的《野花》专栏供稿；《宁波日报》副刊的叶向群老师，也不时给我鼓励和指导，刊发了好些篇章，让我倍受鼓励。

最给我意外惊喜的是，这些文章还获得了出版社编辑的垂青。广东人民出版社的吴可量老师、宁波出版社的吴波老师均认为我的文章可以结集出版，以传播草木文化，愉悦更多草木爱好者。本书能够出版，要特别感谢两位吴老师对我的青睐有加。在本书的编辑过程之中，宁波出版社徐飞主任、苗梁婕老师的认真负责、专业高效、博学多才，给我留下了深刻印象，让第一次出书的我受益良多，个人写作、摄影的思路和视角，都受到了很大的启发。素未谋面的植物学绘画师蒋正强老师，画功深厚，出手又快又好，为本书创作了 20 幅精美绝妙的植物插画，让本书的气质得到了提升。

出书虽然"无心"，但书中每一篇文章，都是我的"用心"之作。为了写好文章，我会尽最大可能搜寻线上线下的相关资料，仔细研读消化，力求叙述准确和生动。为了获得理想的植物照片，我不定期地耐心观察和等候植物的某些特殊时刻。还经常和宁波的伙伴们一起跋山涉水，深入山林荒野，就为了目睹某一植物花开的最美时刻。虽然我用心且已尽力，但作为一个业余植物爱好者，文中错误之处在所难免，还请各位读者批评指正。

最后，必须感谢我的家人。草木记的每一篇文章，妻都是第一读者和第一编辑，她有着深厚的文学素养和扎实的文字功底，为文章简洁、准确和流畅，提供了大量的宝贵意见。父亲在中草药方面的专业知识和对花草的喜好，给我播下了热爱自然的种子。而今，我也将种子传给了女儿悠悠，她平时不但饶有兴趣地和我们一起赏花观草，还表示写作和草木是她最大的兴趣爱好。自 2004 年岳母来到我们身边，与我们同住，我就几乎没有下过厨了。我敢说，没有她老人家为我们承担大量的家务，我肯定没有那么多闲情和时间来写作，也就没有这本书的付梓了。

小山于宁波

2017 年 10 月 20 日

从山巅水湄到城市栖地

由草木感知土地和季节

感知生命的欢喜